U0408690

面向"十二五"高职高专规划教材
国家骨干高职院校建设项目课程改革研究成果

电厂水处理及监测

DIANCHANG SHUICHULI JI JIANCE

主　编　丑晓红　李　峰
副主编　任俊英　张虎俊
参　编　张永安

北京理工大学出版社
BEIJING INSTITUTE OF TECHNOLOGY PRESS

图书在版编目（CIP）数据

电厂水处理及监测/丑晓红，李峰主编．—北京：北京理工大学出版社，2014.4（2019.7重印）

ISBN 978-7-5640-8911-5

Ⅰ.①电…　Ⅱ.①丑…②李…　Ⅲ.①发电厂-水处理②发电厂-水处理-水质监测　Ⅳ.①TM621.8

中国版本图书馆CIP数据核字（2014）第038366号

出版发行/北京理工大学出版社有限责任公司
社　　址/北京市海淀区中关村南大街5号
邮　　编/100081
电　　话/(010) 68914775（总编室）
　　　　82562903（教材售后服务热线）
　　　　68948351（其他图书服务热线）
网　　址/http://www.bitpress.com.cn
经　　销/全国各地新华书店
印　　刷/北京虎彩文化传播有限公司
开　　本/710毫米×1000毫米　1/16
印　　张/11
字　　数/182千字
版　　次/2014年4月第1版　2019年7月第4次印刷
定　　价/29.00元

责任编辑/陈莉华
文案编辑/张梦玲
责任校对/周瑞红
责任印制/王美丽

内蒙古机电职业技术学院
国家骨干高职院校建设项目“电厂热能动力装置专业”
教材编辑委员会

序
PROLOGUE

从20世纪80年代至今的三十多年，我国的经济发展取得了令世界惊奇和赞叹的巨大成就。在这三十年里，中国高等职业教育经历了曲曲折折、起起伏伏的不平凡发展历程。从高等教育的辅助和配角地位，逐渐成为高等教育的重要组成部分，也成为实现中国高等教育大众化的生力军，还成为培养中国经济发展、产业升级换代迫切需要的高素质高级技能型专门人才的主力军，并成为中国高等教育发展不可替代的半壁江山，在中国高等教育和经济社会发展中扮演着越来越重要的角色，发挥着越来越重要的作用。

为了推动高等职业教育的现代化进程，2010年，教育部、财政部在国家示范高职院校建设的基础上，新增100所骨干高职院校建设计划（《教育部、财政部在关于进一步推进“国家示范性高等职业院校建设计划”实施工作的通知》教高〔2010〕8号）。我院抢抓机遇，迎难而上，经过申报选拔，被教育部、财政部批准为全国百所“国家示范性高等职业院校建设计划”骨干高职院校立项建设单位之一，其中机电一体化技术（能源方向）、电力系统自动化技术、电厂热能动力装置、冶金技术4个专业为中央财政支持建设的重点专业，机械制造与自动化、水利水电建筑工程、汽车电子技术3个专业为地方财政支持建设的重点专业。

经过三年的建设与发展，我院校企合作体制得到创新，专业建设和课程改革得到加强，人才培养模式不断完善，人才培养质量得到提高。学院主动适应区域经济发展的能力不断提升，呈现出蓬勃发展的良好局面。建设期间，成立了由政府有关部门、企业和学院参加的校企合作发展理事会和二级专业分会，构建了“理事会—二级专业分会—校企合作工作站”的运行组织体系，形成了学院与企业人才共育、过程共管、成果共享、责任共担的紧密型合作办学体制。各专业积极与企业合作，适应内蒙古自治区产业结构升级需要，建立与市场需求联动的专业优化调整机制，及时调整了部分专业结构；同时与企业合作开发课程，改革课程体系和教学内容；与企业技术人员合作编写教材，编写了一大批与企业生产实际紧密结合的教材和讲义。这些教材、讲义在教学实践中受到教师和学生的好评，理论适度，案例充实，应用性强，随着教学的不断深入，经过教师们的精心修改和进一步整理，汇编成册，付梓出版。相信这些汇聚了一线教学、工程技术人员心血的教材的出版，推广及应用，一定会对高职人才的培养起到积极的作用。

在本套教材出版之际，感谢辛勤工作的所有参编人员和各位专家。

张美清

内蒙古机电职业技术学院院长

前言

PREFACE

本书紧密结合高等职业教育院校的办学特点和教学目标，强调实践性、应用性和创新性，同时注重基本原理和测定条件的阐述，重视分析步骤，以达到培养学生分析和解决问题能力的目的。本书叙述简明扼要，文字深入浅出，选用的方法具有实用性、可靠性和先进性，并努力降低理论深度，理论知识建设以应用为目的，以必需、够用为度。本书注意内容的精选和创新性，突出实践应用的目的，拓宽知识领域，重心放在能力培养上。在分析选择上，以国标分类为主，也选用了生产中广泛采用的、成熟的快速分类和分析方法。

全书共八章，其分别为水质基本知识认知、水的预处理、水的除盐处理、补给水处理设备及系统、凝结水处理、废水处理、热力设备腐蚀与防护、水汽取样。本书可供高职高专电厂热动类、化学分析类等相关专业教学使用，还可供相关技术人员参考。

本书由内蒙古机电职业技术学院丑晓红、李峰担任主编，由内蒙古机电职业技术学院任俊英、内蒙古丰泰发电有限公司张虎俊担任副主编，内蒙古能源金山热电厂张永安也参加了编写。

本书在编写时引用或参考了大量的相关专著和文献资料，书后难以一一列举，在此向作者表示衷心感谢。

由于编者水平有限，书中难免有疏漏和不足，恳请读者批评指正。

编　者

目 录

CONTENTS

第一章

水质基本知识认知

第一节　天然水及其分类

一、水源

水是地球上分布最广的物质，占据着地球表面的四分之三，其构成了海洋、江河、湖泊以及积雪和冰川。另外，地层中还存在着大量的地下水，大气中也存在着相当多的水蒸气。地面水主要来自雨水，地下水主要来自地表水，而雨水又来自地面水和地下水的蒸发。因此，水在自然界中是不断循环的。

水分子（H_2O）是由两个氢原子和一个氧原子组成的，然而大自然中是没有纯的水的，因为水是一种溶解能力很强的溶剂，能溶解大气中、地表面和地下岩层里的许多物质。另外，也有一些不溶于水的物质会和水混合在一起。

火力发电厂用水的水源主要有两种：一种是地表水；另一种是地下水。地表水是指流动或静止在地表面的水，主要是江河、湖泊和水库水。海水虽属于地表水，但由于其特殊的水质，则另作介绍。天然水中除了含有氧气和二氧化碳，还有其他多种多样的杂质，这些杂质按照其粒径大小可分为悬浮物、胶体和溶解物质三大类。

1）悬浮物：颗粒直径约在 10^{-4}mm 以下的微粒，这类物质在水中是不稳定的，很容易被除去。水发生的浑浊现象都是由此类物质造成的。

2）胶体：颗粒直径为 10^{-6}～10^{-4}mm 的微粒，其是许多分子和离子的集合体，有明显的表面活性，常常因吸附大量离子而带电，不易下沉。

3）溶解物质：颗粒直径约在 10^{-6}mm 以下的微粒，大都是离子和一些溶解气体。呈离子状态的杂质主要有阳离子（钠离子、钾离子、钙离子、镁离子）、阴离子（氯离子、硫酸根、碳酸氢根）；而溶解气体以氧气（O_2）、二氧化碳（CO_2）、氮气（N_2）为主。

二、水中的溶解物质

1. 水中杂质的表示方法

(1) 悬浮物的表示方法

悬浮物的量可以用质量方法来测定（将水中悬浮物过滤、烘干后称量），通常用透明度或浑浊度（浊度）来代替。

(2) 溶解盐类的表示方法

1) 含盐量：水中所含盐类的总和。

2) 蒸发残渣：水中不挥发物质的量。

3) 灼烧残渣：水在800℃下灼烧而得到的残渣。

4) 电导率：水导电能力大小的指标。

5) 硬度：硬度是用来表示水中某些容易形成垢类以及在洗涤时容易消耗肥皂的物质。对于天然水来说，主要是指钙、镁离子。硬度按照水中存在的阴离子情况可划分为碳酸盐硬度和非碳酸盐硬度两类。

6) 碱度和酸度：碱度表示水中 OH^-、CO_3^{2-}、HCO_3^- 的含量以及其他一些弱酸盐类量的总和。碱度表示方法可分为甲基橙碱度和酚酞碱度两种。酸度表示水中能与强酸起中和作用的物质的量。

(3) 有机物的表示方法

有机物的量通常用耗氧量来表示。

2. 溶解物质

溶解物质是指颗粒直径小于 10^{-6}mm 的微粒，它们大都以离子或溶解气体的状态存在于水中，现概述如下：

(1) 离子态杂质

天然水中含有的离子种类甚多，但在一般的情况下，它们总是一些常见的离子。天然水中离子态杂质来自水源经地层时溶解的某些矿物质，例如石灰石（$CaCO_3$）和石膏（$CaSO_4 \cdot 2H_2O$）的溶解。$CaCO_3$在水中的溶解度虽然很小，但当水中含有游离态 CO_2时，$CaCO_3$会被转化为较易溶的 $Ca(HCO_3)_2$ 而溶于水中。其反应为：

$$CaCO_3 + CO_2 + H_2O = Ca(HCO_3)_2$$

又如，白云石（$MgCO_3 \cdot CaCO_3$）和菱镁矿（$MgCO_3$）也会被含游离 CO_2的水溶解，其中 $MgCO_3$溶解反应可表示为：

$$MgCO_3 + CO_2 + H_2O = Mg(HCO_3)_2$$

由于上述反应，天然水中都存在 Ca^{2+}、Mg^{2+}、HCO_3^-、SO_4^{2-}。在含盐量不大的水中，Mg^{2+}的浓度一般为 Ca^{2+} 的 25% ~50%，水中的 Ca^{2+}、Mg^{2+} 是

形成水垢的主要成分。

含钠的矿石在风化过程中易于分解，并释放出 Na^+，所以地表水和地下水中普遍含有 Na^+。因为钠盐的溶解度很高，在自然界中一般不存在 Na^+ 的沉淀反应，所以在高含盐量水中，Na^+ 是主要的阳离子。天然水中 K^+ 的含量远低于 Na^+，这是因为含钾的矿物比含钠的矿物抗风化能力大，所以 K^+ 比 Na^+ 较难转移至天然水中。由于在一般水中 K^+ 的含量不高，而且化学性质与 Na^+ 相似，因此在水质分析中，常以（$K^+ + Na^+$）之和表示它们的含量，并取加权平均值 25 作为两者的摩尔质量。天然水中都含有 Cl^-，这是因为水流经地层时，溶解了其中的氯化物，所以 Cl^- 几乎存在于所有的天然水中。天然水中最常见的阳离子是 Ca^{2+}、Mg^{2+}、K^+、Na^+；阴离子是 HCO_3^-、SO_4^{2-}、Cl^-，某些地区的地下水中还含有较多的 Fe^{2+} 和 Mn^{2+}。

（2）溶解气体

天然水中常见的溶解气体有氧气（O_2）和二氧化碳（CO_2），有时还有硫化氢（H_2S）、二氧化硫（SO_2）和氨（NH_3）等。

天然水中 O_2 的主要来源是大气中 O_2 的溶解，因为空气中含有 20.95% 的氧，水与大气接触使水具有自充氧的能力。另外，水中藻类的光合作用也会产生一部分 O_2，但这种光合作用并不是水体中 O_2 的主要来源，因为在白天靠这种光合作用产生的 O_2，又会在夜间的新陈代谢过程中被消耗掉。

地下水因不与大气相接触，O_2 的含量一般低于地表水，天然水的 O_2 含量一般为 0 ~ 14 mg/L。

天然水中 CO_2 主要来自水中或泥土中有机物的分解和氧化，也有因地层深处进行的地质过程而生成的，其含量在每升几毫克至几百毫克之间。地表水的 CO_2 含量常为 20 ~ 30 mg/L，地下水的 CO_2 含量较高，有时会达到每升几百毫克。

天然水中的 CO_2 并非来自大气，而恰好相反，它会向大气析出，因为大气中 CO_2 的体积百分数只有 0.03% ~ 0.04%，而其溶解度仅为 0.5 ~ 1.0 mg/L。

水中 O_2 和 CO_2 的存在是使金属发生腐蚀的主要原因。

（3）微生物

在天然水中还有许多微生物，其中属于植物界的有细菌类、藻类和真菌类；属于动物界的有鞭毛虫、病毒等原生动物。另外，还有属于高等植物的苔类和属于后生动物的轮虫、涤虫等。

三、天然水的分类

通常天然水有两种分类方法：一种是按主要的水质指标分，另一种是按水中盐类的组成分。

以水质指标为例进行说明。

天然水可以按其硬度或含盐量分类，因为这两种指标可以代表水受矿物质污染的程度。

1）天然水按其硬度分类（见表1－1）。

表1－1 按硬度分类

类 别	极软水	软水	中等硬度水	硬水	极硬水
硬度/（$mmol \cdot L^{-1}$）	<1.0	1.0～3.0	3.0～6.0	6.0～9.0	>9.0

根据此种分类，我国天然水的水质由东南沿海的极软水向西北经软水和中等硬度水而递增至硬水。这里所谓的软水是指天然水硬度较低，不是指经软化处理后所获得的软化水。

2）天然水按其含盐量分类（见表1－2）。

表1－2 按含盐量分类

类 别	低含盐量水	中等含盐量水	较高含盐量水	高含盐量水
含盐量/（$mg \cdot L^{-1}$）	<200	200～500	500～1 000	>1 000

中国江河水大都属于低含盐量水和中等含盐量水，地下水大部分是中等含盐量水。

第二节 电厂用水的类别及水质指标

一、电厂用水的类别

水在火力发电厂水汽循环系统中所经历的过程不同，水质常有较大的差别。因此根据实用的需要，人们常给予这些水不同的名称。它们分别是原水、锅炉补给水、给水、锅炉水、锅炉排污水、凝结水、冷却水和疏水等。现分别简述如下：

（1）原水

原水也称为生水，是未经任何处理的天然水（如江河水、湖水、地下水等），它是电厂各种用水的水源。

（2）锅炉补给水

原水经过各种水处理工艺净化处理后，用来补充发电厂水、汽损失的水称为锅炉补给水。按其净化处理方法的不同，又可分为软化水和除盐水等。

（3）给水

送进锅炉的水称为给水。给水主要由凝结水和锅炉补给水组成。

（4）锅炉水

在锅炉本体的蒸发系统中流动着的水称为锅炉水，习惯上简称为炉水。

（5）锅炉排污水

为了防止锅炉结垢和改善蒸汽品质，用排污的方法排出一部分炉水，这部分排出的炉水称为锅炉排污水。

（6）凝结水

蒸汽在汽轮机中做功后，经冷却水冷却凝结成的水称为凝结水，它是锅炉给水的主要组成部分。

（7）冷却水

作为冷却介质的水称为冷却水。这里主要指用来冷却做功后的蒸汽的冷却水，如果该水循环使用，则称为循环冷却水。

（8）疏水

将给水加热后进入加热器的蒸汽和这部分蒸汽冷却后形成的水，以及机组停行时，蒸汽系统中的蒸汽冷凝之后形成的水，都称为疏水。

在水处理工艺过程中，还有所谓的清水、软化水、除盐水及自用水等。

二、水质指标

所谓水质是指水和其中杂质共同表现出的综合特性，而表示水中杂质个体成分或整体性质的项目，称为水质指标。

由于各种工业生产过程对水质的要求不同，因此采用的水质指标也有所差别。

火力发电厂用水的水质指标有两类：一类是表示水中杂质离子组成的成分，如Ca^{2+}、Mg^{2+}、Na^{+}、Cl^{-}、SO_4^{2-}等；另一类是表示某些化合物之和或某种性能，这些指标是由于技术上的需要而专门制定的，故称其为技术指标。

1. 表示水中悬浮物及胶体的指标

（1）悬浮固体

悬浮固体是水样在规定的条件下，经过滤可除去的固体，单位为毫克/升（mg/L）。这项指标仅能表示水中颗粒较大的悬浮物，而不包括能穿透滤纸的颗粒小的悬浮物及胶体，所以有较大的局限性。此指标的测定需要将水样过滤，滤出的悬浮物需经烘干和称量等手续，操作麻烦，不易作为现场的监督指标。

（2）浊度

浊度是反映水中悬浮物和胶体含量的一个综合性指标，它是利用水中悬浮物和胶体颗粒对光的散射作用来表示其含量的一种指标，即表示水浑浊的程度。

浊度是通过专用仪器测定的，操作简便迅速。由于标准水样配制方法不同，所使用的单位也不相同，目前以硫酸肼（$N_2H_4 \cdot H_2SO_4$）和六次甲基四胺［$(CH_2)_6N_4$］配制成的浑浊液为标准，与水样进行比较测定，其单位用福马肼（FTU）表示。

（3）透明度

透明度是利用水中悬浮物和胶体物质的透光性来表示其含量的一种指标，即表示水透明程度的指标，单位为厘米（cm）。水的透明度与浊度成反比，水中悬浮物含量越高，其透明度越低。而由于透明度是通过人的眼睛观察水层厚度来确定水中悬浮物含量的，因此它带有人为的随意性。

2. 表示水中溶解盐类的指标

（1）含盐量

含盐量是表示水中各种溶解盐类的总和，由水质全分析的结果，通过计算求出。含盐量有两种表示方法：一是摩尔表示法，即将水中各种阳离子（或阴离子）均按带一个电荷的离子为基本单位，计算其含量（单位为 mmol/L），然后将它们（阳离子或阴离子）相加；二是重量表示法，即将水中各种阴、阳离子的含量以 mg/L 为单位全部相加。

由于水质全分析比较麻烦，因此常用溶解固体近似地表示或用电导率衡量水中含盐量的多少。

（2）溶解固体

溶解固体是将一定体积的过滤水样，经蒸干并在 105℃ ~110℃下干燥至恒重所得到的蒸发残渣量，单位用毫克/升（mg/L）表示。它只能近似地表示水中溶解盐类的含量，因为在这种操作条件下，水中的胶体及部分有机物与溶解盐类一样能穿过滤纸，许多物质的湿分和结晶水不能除尽，而碳酸氢盐则全部转换为碳酸盐。

（3）电导率

表示水中离子导电能力大小的指标，称作电导率。因为溶于水的盐类都能电离出具有导电能力的离子，所以电导率是表征水中溶解盐类的一种代替指标。水越纯净，含盐量越小，电导率越小。

水电导率的大小除了与水中离子含量有关外，还和离子的种类有关，单凭电导率不能计算出水中含盐量。在水中离子的组成比较稳定的情况下，可以根据试验求得电导率与含盐量的关系，并将测得的电导率换算成含盐量。电导率的单位为微西/厘米（μS/cm）。

三、表示水中容易结垢物质的指标

表示水中容易结垢物质的指标是硬度，它们是指水中某些易于形成沉淀的，都是二价或二价以上的金属离子。在天然水当中，可以形成硬度的物质主要是钙、镁离子，所以常认为硬度就是水中这两种离子的含量。水中钙离子含量称钙硬（H_{Ca}），镁离子含量称镁硬（H_{Mg}），总硬度是指钙硬和镁硬之和，即 $H = H_{Ca} + H_{Mg} = [(1/2)\ Ca^{2+}] + [(1/2)\ Mg^{2+}]$。根据 Ca^{2+}、Mg^{2+} 与阴离子组合形式的不同，又将硬度分为碳酸盐硬度和非碳酸盐硬度。

1）盐硬度（*HT*）是指水中钙、镁的碳酸盐及碳酸氢盐的含量。此类硬度在水沸腾时从溶液中析出而产生沉淀，所以有时也称为暂时硬度。

2）非碳酸盐硬度（*HF*）是指水中钙、镁的硫酸盐、氯化物等的含量。因为这种硬度在水沸腾时不能析出沉淀，所以有时也称为永久硬度。

硬度单位为毫摩尔/升（mmol/L），这是一种常见的表示物质浓度的方法，是我国的法定计量单位。

1. 表示水中碱性物质的指标

表示水中碱性物质的指标是碱度，碱度是表示水中可以用强酸中和的物质的量。形成碱度的物质有：

1）强碱，如 $NaOH$、$Ca(OH)_2$ 等，它们在水中全部以 OH^- 形式存在。

2）弱碱，如 NH_3 的水溶液，它在水中部分以 OH^- 形式存在。

3）强碱弱酸盐类，如碳酸盐、磷酸盐等，它们水解时产生 OH^-。

在天然水中的碱度成分主要是碳酸氢盐，有时还有少量的腐殖酸盐。水中常见的碱度形式是 OH^-、CO_3^{2-} 和 HCO_3^-，当水中同时存在 HCO_3^- 和 OH^- 的时候，就发生如式（1-1）的化学反应：

$$HCO_3^- + OH^- \rightarrow CO_3^{2-} + H_2O \qquad (1-1)$$

故一般说水中不能同时含有 HCO_3^- 碱度和 OH^- 碱度。根据这种假设，水中的碱度可能有五种不同的形式：只有 OH^- 碱度；只有 CO_3^{2-} 碱度；只有 HCO_3^- 碱度；同时有（$OH^- + CO_3^{2-}$）碱度；同时有（$CO_3^{2-} + HCO_3^-$）碱度。

水中的碱度是用中和滴定法进行测定的，这时所用的标准溶液是 HCl 或 H_2SO_4 溶液，酸与各种碱度成分的反应是：

$$OH^- + H^+ \rightarrow H_2O \qquad (1-2)$$

$$CO_3^{2-} + H^+ \rightarrow HCO_3^- \qquad (1-3)$$

$$HCO_3^- + H^+ \rightarrow H_2O + CO_2 \quad (1-4)$$

如果水的 pH 值较高，并用酸滴定，上述三个反应将依次进行。当用甲基橙作指示剂时，因终点的 pH 值为 4.2，所以上述三个反应都可以进行到底，所测得的碱度是水的全碱度，也叫甲基橙碱度；如用酚酞作指示剂，终点的 pH 值为 8.3，此时只进行式（1－2）、式（1－3）的反应，反应式（1－4）并不进行，则测得的是水的酚酞碱度。因此，在测定水中碱度时，所用的指示剂不同，碱度值也不同。

碱度的单位为毫摩尔/升（mmol/L），与硬度一样。

2. 表示水中酸性物质的指标

表示水中酸性物质的指标是酸度，酸度是表示水中能用强碱中和的物质的量。可能形成酸度的物质有：强酸、强酸弱碱盐、弱酸和酸式盐。

天然水中酸度的成分主要是碳酸，一般没有强酸酸度。水中酸度的测定是用强碱标准来滴定的。当所用指示剂不同时，所得到的酸度不同。如：用甲基橙作指示剂，测出的是强酸酸度。用酚酞作指示剂，测定的酸度除强酸酸度（如果水中有强酸酸度）外，还有 H_2CO_3 酸度，即 CO_2 酸度。水中酸性物质对碱的全部中和能力称为总酸度。

这里需要说明的是：酸度并不等于水中氢离子的浓度，水中氢离子的浓度常用 pH 值表示，其是指呈离子状态 H^+ 的数量；而酸度则表示在中和滴定过程中可以与强碱进行反应的全部 H^+ 的数量，其中包括原已电离的和将要电离的两个部分。

3. 表示水中有机物的指标

天然水中的有机物种类繁多，成分也很复杂，且分别以溶解物、胶体和悬浮状态存在。因此很难进行逐类测定，通常是利用有机物比较容易被氧化这一特性，用某些指标间接地反映它的含量，如化学氧化、生物氧化和燃烧等三种氧化方法，并都是以有机物在氧化过程中所消耗氧化剂的数量来表示有机物可氧化程度的。

（1）化学耗氧量（*COD*）

在规定条件下，用氧化剂处理水样时，水样中有机物氧化所消耗氧化剂的量，即化学耗氧量。计算时折合为氧的质量浓度，简写代号为 *COD*，单位用 mg/L 表示。化学耗氧量越高，水中有机物越多。常采用的氧化剂有重铬酸钾和高锰酸钾，氧化剂不同，测得有机物的含量也不同。如用重铬酸钾 $K_2Cr_2O_7$ 作氧化剂，在强酸加热沸腾回流的条件下，以银离子作催化剂，可对水中 85%～95% 的有机物进行氧化，不能被完全氧化的是一些直链的、带苯环的有机物，但这种方法基本上能反映出水中有机物的总量。如用高锰酸钾作氧化剂，只能氧化约70%的比较容易氧化的有机物，并且有机物的种类不同，所得的结果也有很大差别，所以这项指标具有明显的相对性，目前它较多地用于轻度污染的天然水和清水的测定中。

（2）生化需氧量（*BOD*）

在特定条件下，水中的有机物和无机物进行生物氧化时所消耗溶解氧的量，即生化需氧量，单位也用mg/L表示。构成有机体的有机物大多是碳水化合物、蛋白质和脂肪等，其组成元素是碳、氢、氧、氮等，因此不论有机物的种类如何，有氧分解的最终产物总是二氧化碳、水和硝酸盐。

四、天然水中几种主要化合物的化学特性

天然水中含有的杂质种类虽然较多，但天然水中主要杂质的种类差不多是一致的，它们总是几种常见的化合物，所以在研究水的净化处理时，只需研究若干常见的化合物即可。

1. 碳酸化合物

碳酸和它的盐类统称为碳酸化合物，在天然水中特别是在含盐量较低的水中，含量最大的化合物常常是碳酸化合物。而且，在自然界发生的自然现象中，如天然水对酸、碱的缓冲性，沉积的生成与溶解等，碳酸也常常起着非常重要的作用。

（1）碳酸化合物的存在形式

水中碳酸化合物通常有以下四种形式：溶于水的二氧化碳气体，分子态碳酸，碳酸氢根及碳酸根。在水溶液中，这四种碳酸化合物之间有式（1-5）、式（1-6）、式（1-7）这几种化学平衡：

$$CO_2\ (aq) + H_2O \rightleftharpoons H_2CO_3 \tag{1-5}$$

$$H_2CO_3 \rightleftharpoons H^+ + HCO_3^- \tag{1-6}$$

$$HCO_3^- \rightleftharpoons H^+ + CO_3^{2-} \tag{1-7}$$

若把上述平衡式综合起来可以得到式（1-8）：

$$CO_2\ (aq) + H_2O \rightleftharpoons H_2CO_3 \rightleftharpoons H^+ + HCO_3^- \rightleftharpoons 2H^+ + CO_3^{2-} \tag{1-8}$$

利用上述关系式解决有关碳酸化合物的问题是有困难的，因为在进行水分析时，水中的二氧化碳和碳酸是区分不开的，所以用酸、碱滴定测得的二氧化碳是两者之和。实际上，分子态的碳酸只占总量的百分之一以下，故实际工作中可以将二氧化碳和碳酸一起用二氧化碳来表示，此时式（1-8）可表示为（1-9）的形式：

$$CO_2 + H_2O \rightleftharpoons H^+ + HCO_3^- \rightleftharpoons 2H^+ + CO_3^{2-} \tag{1-9}$$

（2）碳酸化合物的形态与 pH 值的关系

碳酸为二元弱酸，可进行分级电离。不同温度下有着不同的电离平衡常数，如在25℃时，平衡常数值可由式（1－10）、式（1－11）计算而得：

$$K_1 = \frac{f_1 [H^+]\ f_1 [HCO_3^-]}{[CO_2]} = 4.45 \times 10^{-7} \tag{1-10}$$

$$K_2 = \frac{f_1 [H^+]\ f_2 [CO_3^{2-}]}{f_1 [HCO_3^-]} = 4.69 \times 10^{-11} \tag{1-11}$$

式中，K_1——H_2CO_3的一级电离平衡常数；

K_2——H_2CO_3的二级电离平衡常数；

[ ]——表示相应物质的浓度；

f_1、f_2——分别表示 1 价和 2 价离子的活度系数。

1）pH 值和各种碳酸化合物相对含量间的关系。

碳酸化合物在各种溶液中的相对含量主要取决于该溶液的 pH 值，其对应关系如图 1－1 所示。

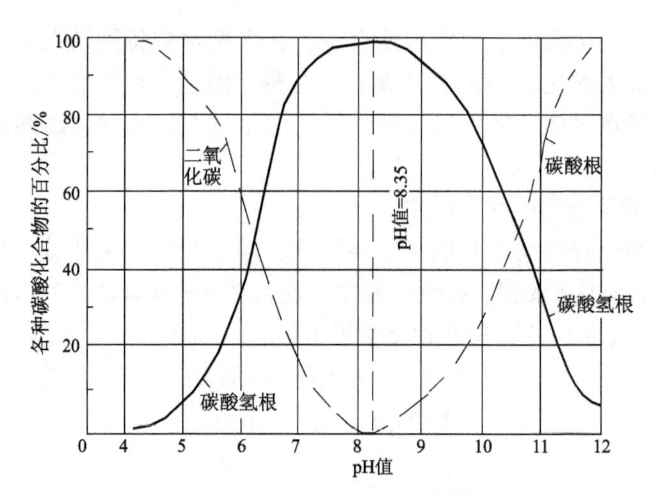

图 1－1 水中各种碳酸化合物的相对量和 pH 值的关系（25℃）

设碳酸化合物总浓度为 C mol/L，则：

$$C = [CO_2] + [HCO_3^-] + [CO_3^{2-}] \tag{1-12}$$

根据式（1－10）、式（1－11）以及式（1－12），并假定在稀溶液中 f_1 和 f_2 为 1，那么可解得在一定的 pH 值条件下各种碳酸化合物的相对量，如式（1－13）、式（1－14）、式（1－15）所示：

$$\frac{[CO_2]}{C} = \left\{1 + \frac{K_1}{[H^+]} + \frac{K_1 K_2}{[H^+]^2}\right\}^{-1} \tag{1-13}$$

$$\frac{[HCO_3^-]}{C}=\left\{\frac{[H^+]}{K_1}+1+\frac{K_2}{[H^+]}\right\}^{-1} \quad (1-14)$$

$$\frac{[CO_3^{2-}]}{C}=\left\{\frac{[H^+]^2}{K_1K_2}+\frac{[H^+]}{K_2}+1\right\}^{-1} \quad (1-15)$$

当 pH 值 <4.2 时，水中碳酸化合物基本是 CO_2；当 pH 值 $=4.2\sim6.3$ 时，CO_2 和 HCO_3^- 同时存在；当 pH 值 $=8.3$ 时，98% 以上的碳酸化合物呈 HCO_3^- 状态；当 pH 值 >8.3 时，HCO_3^- 和 CO_3^{2-} 同时存在。

2）pH 值、$[HCO_3^-]$、$[CO_3^{2-}]$ 和 $[CO_2]$ 的关系。

在 pH 值 <8.3 时，碳酸进行的是一级电离，将式（1－10）等号两边取负对数并加以整理，则得（1－16）：

$$\text{pH 值}=K_1+\lg[HCO_3^-]-\lg[CO_2]+\lg f_1 \quad (1-16)$$

对于稀溶液，$f_1=1$，$\lg f_1=0$；在 25℃时，$K_1=6.35$；所以得式（1－17）：

$$\text{pH 值}=6.35+\lg[HCO_3^-]-\lg[CO_2] \quad (1-17)$$

对于 pH 值 <8.3 的天然水来说，因为水中碳酸氢根的浓度实际就是水中的碱度（B），于是式（1－17）可变为式（1－18）：

$$\text{pH 值}=6.35+\lg B-\lg[CO_2] \quad (1-18)$$

当水的 pH 值 >8.3 时，由碳酸的二级电离平衡方程式（1－7），可求得式（1－19）：

$$\text{pH 值}=10.33+\lg[CO_3^{2-}]-\lg[HCO_3^-] \quad (1-19)$$

2. 硅酸化合物

硅酸是一种比较复杂的化合物，它的形态多，在水中有离子态、分子态以及胶态。硅酸的通式为 $xSiO_2\cdot yH_2O$。当 x 和 y 等于 1 时，分子式可写成 H_2SiO_3，称为偏硅酸；当 $x=1$，$y=2$ 时，分子式为 H_4SiO_4，其为正硅酸；当 $x>1$时，硅酸呈聚合态，称多硅酸。当硅酸的聚合度增大时，它会由溶解态转化成胶态，当其浓度较大时，会呈凝胶状析出。

当水的 pH 值不是很高时，溶于水的二氧化硅主要是分子态的简单硅酸，至于这些溶于水的硅酸到底是正硅酸还是偏硅酸，还有待研究。因为硅酸通常显示出二元酸的性质，所以本书中均以偏硅酸来表示。硅酸的酸性很弱，电离度不大，所以当纯水中含有硅酸时不易用 pH 值或电离率检测出来。

当 pH 值增大到 9 时，二氧化硅的溶解度就明显增大，此时硅酸电离成 H_2SiO_3的量增多，所以溶解的二氧化硅除了生成硅酸外，还会生成大量的 $HSiO_3^-$，其反应方程式为：

$$H_2SiO_3=HSiO_3^-+H^+$$

当 pH 值较大且水中溶解的硅酸化合物较多时，它们会形成多聚体，其反应方程式为：

$$4H_2SiO_3 = H_6Si_4O_{12}^{2-} + 2H^+$$

在天然水中，硅酸化合物是常见的杂质。它来自水流经地层时与含有硅酸盐和铝硅酸盐岩石的反应。地下水的硅酸化合物含量通常比地面水多，天然水中硅酸化合物（以二氧化硅表示）含量为 1 ~ 20 mg/L，地下水则有高达 60 mg/L 的。

硅酸化合物的形态会影响到它的测定方法。采用钼蓝比色法能测得的只是水中分子质量较低的硅酸化合物。至于分子质量较大的硅酸，有的不与钼酸反应，有的反应缓慢。根据此种反应能力不同，水中硅酸化合物可分成两类。那些能够直接用比色法测得的称为活性二氧化硅（简称活性硅），不能测得的称为非活性二氧化硅。

在火力发电厂中，水中硅酸化合物是有害的物质。当锅炉水中铝、铁和硅的化合物含量较高时，其会在热负荷很高的炉管内形成水垢。在高压锅炉中，硅酸会溶于蒸汽，随之被带出锅炉，最后沉积在汽轮机内。所以硅酸化合物是水净化的主要对象之一。

3. 铁化合物

在天然水中铁是常见的杂质。水中的铁有 Fe^{2+}、Fe^{3+} 两种。在深井中因溶解氧的浓度很小、pH 值较低，水中会有大量的 Fe^{2+}，且浓度高达 10 mg/L 以上，这是因为常见的亚铁盐类的溶解度较大，Fe^{2+} 不易形成沉淀物。

当水中溶解氧浓度较大和 pH 值较高时，Fe^{2+} 会氧化成 Fe^{3+}，而 Fe^{3+} 的盐类很易水解，从而转变成 $Fe(OH)_3$ 沉淀物或胶体，其反应方程式为：

$$4Fe^{2+} + O_2 + 2H_2O \rightarrow 4Fe^{3+} + 4OH^-$$

$$Fe^{3+} + 3H_2O \rightarrow Fe(OH)_3 \downarrow + 3H^+$$

当 pH 值 ≥8 时，水中 Fe^{2+} 被溶解氧氧化的速度很快。在地表水中，由于溶解氧的含量较多，因此 Fe^{2+} 的量通常很小，但在含有腐殖酸的沼泽水中，Fe^{2+} 的量可能较多，因为这种水的 pH 值常接近于 4，Fe^{2+} 会与腐殖酸形成络合物，这种络合物不易被溶解氧氧化。在 pH 值为 7 左右的地表水中，一般只有含呈胶态氢氧化铁的铁。锅炉给水携带铁的氧化物会造成锅炉炉管内氧化铁垢的生成。

案例分析　水质指标监测

任务一　pH 值的测定

一、试验原理

玻璃电极法，pH 值为水中氢离子活度的负对数，即：

$$pH值 = -\log[H^+]$$

pH 值可间接地表示水的酸碱强度，是水化学中常用和最重要的检验项目之一。

二、试验仪器

酸度计（带复合电极）、250 mL 塑料烧杯。

三、试验试剂

pH 值成套袋装缓冲剂（邻苯二甲酸氢钾、混合磷酸盐、硼砂），不同温度下 pH 值成套袋装缓冲剂的反应见表 1-3。

表 1-3　不同温度下 pH 值成套袋装缓冲剂的反应

温度/℃	pH 值		
	0.05 mol/L 邻苯二甲酸氢钾	0.025 mol/L 混合磷酸盐	0.01 mol/L 硼砂
0	4.01	6.98	9.46
5	1.00	6.95	9.39
10	4.00	6.92	9.28
15	4.00	6.90	9.23
20	4.00	6.88	9.18
25	4.00	6.86	9.14
30	4.01	6.85	9.10
35	4.02	6.84	9.07
40	4.03	6.83	9.04
45	4.04	6.83	9.02

四、试验步骤

（1）缓冲溶液的配制

剪开 pH 值成套袋装缓冲剂塑料袋，将粉末倒入 250 mL 容量瓶中，以少量无二氧化碳水冲洗塑料袋内壁，并将粉末稀释到刻度处，摇匀备用。

（2）仪器（酸度计）的校准

1）将仪器插上电极，将选择开关置于 pH 值挡，斜率调节在 100% 处；

2）选择两种缓冲溶液（被测溶液 pH 值在两者之间）；

3）把电极放入第一种缓冲液中，调节温度调节器，使所指示的温度与溶液温度一致；

4）待读数稳定后，调节定位调节器至表 1－3 所示温度下的 pH 值；

5）把电极放入第二种缓冲液中，混匀，调节斜率调节器至表 1－3 所示温度下的 pH 值。

（3）样品测定

如果样品温度与校准的温度相同，则直接将校准后的电极放入样品中，摇匀，待读数稳定，此读数即样品的 pH 值；如果温度不同，则用温度计量出样品温度，调节温度调节器，并使其指示该温度，并保持“定位”不变，同时将电极插入，摇匀，稳定后读数。

注意：

1）电极短时间不用时，需浸泡在蒸馏水中；如长时间不用，则应在电极帽内加少许电极液，盖上电极帽。

2）及时补充电极液，复合电极的补充液为 3 mol/L 氯化钾溶液。

3）电极的玻璃球泡不要与硬物接触，以免损坏。

4）每次测完水样，都要用蒸馏水冲洗电极头部，并用滤纸吸干。

任务二　化学需氧量的测定

化学需氧量是指在一定条件下，用强氧化剂处理水样时所消耗氧化剂的量，用毫克/升（mg/L）表示。

化学需氧量反映了水中受还原性物质污染的程度。这些还原性物质包括有机物、亚硝酸盐、亚铁盐、硫化物等。其也是表示水中有机物相对含量的指标之一。测定方法一般是重铬酸钾法。

一、试验原理

在强酸性溶液中，用一定量的重铬酸钾氧化（以 Ag^{+} 作此反应的催化剂）水样中的还原性物质（有机物），过量的重铬酸钾以试亚铁灵作指示剂，用硫酸亚铁铵溶液回滴。根据其用量可计算出水样中还原性物质消耗氧的量。

氯离子能被重铬酸盐氧化，并且能与硫酸银作用产生沉淀，从而影响测定结果，因此在回流前应向水样中加入硫酸汞，进而使氯离子成为络合物以消除干扰。

二、试验仪器

1）回流装置：带 250 mL 锥形瓶的全玻璃回流装置，其包括磨口锥形瓶、冷凝管、电炉或电热板、橡胶管。

2）50 mL 酸式滴定管。

三、试验试剂

1）重铬酸钾溶液（$C_{K_2Cr_2O_7}=0.250\ 0$ mol/L）：称取预先在 120℃下烘干 2 h 的基准或优级纯重铬酸钾 12.258 g 溶于水中，并将溶液移入1 000 mL的容量瓶中，同时稀至标线。

2）试亚铁灵指示液：称取 1.485 g 邻菲啰啉（$C_{12}H_8N_2 \cdot H_2O$）、0.695 g 硫酸亚铁溶于水中，并将其稀至 100 mL，储于棕色瓶中。

3）硫酸亚铁铵标准溶液（$C_{(NH_4)_2Fe(SO_4)_2 \cdot 6H_2O} \approx 0.1$ mol/L）：称取 39.5 g 硫酸亚铁铵溶于水中，边搅拌边缓慢加入 20 mL 浓硫酸，冷却后将其移入 1 000 mL 的容量瓶中，同时稀至标线，摇匀。用前，应用重铬酸钾标定。

具体标定方法：准确吸取 10.00 mL 重铬酸钾标准溶液加入 250 mL 锥形瓶中，加水稀至 110 mL，并缓慢加入 30 mL 浓硫酸，混匀。冷却后，加入 3 滴试亚铁灵指示液，用硫酸亚铁铵溶液滴定，溶液颜色由黄色经蓝绿变至红褐色（即终点）。

其中，硫酸亚铁铵的浓度计算方法如下：

$$C_{(NH_4)_2Fe(SO_4)_2}=\frac{0.25\times 10.00}{V}\ (\text{mol/L})$$

式中，C——硫酸亚铁铵标准溶液的浓度（mol/L）；

V——硫酸亚铁铵标准溶液的用量（mL）。

4）硫酸 - 硫酸银：于 500 mL 浓硫酸中加入 5 g 硫酸银，并放置 1 ~ 2 天使其溶解。

5）硫酸汞：结晶或粉末。

四、试验步骤

1）取 20 mL 混匀水样加入回流锥形瓶中。

2）加入约 0.4 g 硫酸汞。

3）准确加入 10.00 mL 重铬酸钾标准溶液和小玻璃珠。

4）再缓慢加入 30 mL 硫酸 - 硫酸银溶液。

5）摇匀，连接冷凝管，加热沸腾回流 2 h。

6）冷却后，从冷凝管加入 90 mL 蒸馏水。

7）取下锥形瓶，加入 3 滴试亚铁灵指示液，用硫酸亚铁铵标准溶液滴定，溶液由黄色经蓝绿色变至红褐色（终点）。记录硫酸亚铁铵标准溶液的用量，并按下式计算化学耗氧量：

$$COD = \frac{(V_0 - V_1) \times C \times 8 \times 1\,000}{V} \times d \ (\text{mol/L})$$

式中，V——取样的体积（mL）；

C——硫酸亚铁铵的浓度（mol/L）；

V_0——滴定空白时消耗硫酸亚铁铵的量（mL）；

V_1——滴定水样时消耗硫酸亚铁铵的量（mL）；

8——氧的 1/2 摩尔质量值（g/mol）；

d——稀释倍数。

五、注意事项

1）加入硫酸－硫酸银溶液前，一定要加玻璃珠，以免引起暴沸。

2）*COD* 的结果要保留三位有效数字。

任务三　硬度的测定

水的硬度测定采用 EDTA（乙二胺四乙酸）络合滴定法，如下为水的硬度的详细测定过程。

一、试验目的

了解水的硬度组成，掌握硬度的测定方法。

二、试验原理

在 pH 值为 10 的氨性缓冲溶液中，钙、镁离子与指示剂（酸性铬蓝 K、铬黑 T 或铬蓝黑）作用，生成酒红色的络合物。滴入乙二胺四乙酸二钠溶液后，乙二胺四乙酸二钠与钙、镁反应，形成无色络合物，终点时呈现指示剂本身的蓝色。根据乙二胺四乙酸二钠溶液所消耗的体积，便可计算出水的总硬度。

三、试验试剂、仪器

1）氨性缓冲溶液（pH 值＝10）。

2）酸性铬蓝 K－萘酚绿 B 混合溶液。

3）二乙胺四乙酸二钠溶液（0.050 0 mol/L）。

4）滴定台、滴定管、三角瓶。

四、分析步骤

1）吸取水样 50.0 mL 加入 150 mL 的三角形瓶中。

2）加入氨缓冲溶液 5 mL、酸性铬蓝 K－萘酚绿 B 混合溶液 3～4 滴，用乙二胺四乙酸二钠溶液滴定到试液由酒红色转为不变的蓝色（终点）。

五、计算

硬度（H）按下式计算：

$$H=\frac{M\times V_1\times 100.08}{V}\times 1\,000\ (\mathrm{mg/L})$$

式中：M——乙二胺四乙酸二钠溶液的浓度（mol/L）；

V_1——乙二胺四乙酸二钠溶液滴定所消耗的体积（mL）；

V——取水样体积（mL）。

六、试验记录及结果

试验记录及结果见表1－4。

样品编号：＿＿＿＿＿　　　　标准溶液浓度：＿＿＿＿＿

表1－4　水的硬度测定记录及结果

顺序号	1	2	3	4	5	6
取样体积/mL						
终点读数/mL						
起点读数/mL						
实际消耗/mL						
硬度/（$\mathrm{mg\cdot L^{-1}}$）						

七、讨论

1）当水样的总碱度及钙、镁含量高时，应先向水样中加盐酸，将碱度中和，并将溶液加热至煮沸，逐渐除去二氧化碳，以防止加入氨缓冲溶液后部分钙、镁生成碳酸盐沉淀，进而使测定结果偏低。

2）若水样中钙含量高，但不含镁或含镁量极微，则测定终点不清晰。为使终点明显，可在滴定前加入小量的EDTA－镁的络合溶液或者加入小量的镁盐溶液（镁加入0.2 mg左右已足够，但此加入量应在测定结果中扣除）后滴定。

3）当溶液温度低于10℃，滴定到终点时的颜色转变缓慢，容易导致滴定过头。因此，应先将溶液微热至30℃～35℃后再滴定。

第二章

水的预处理

未经处理的水未进锅炉前需做除去水中杂质的工作，称为炉外水处理，也可以叫作补给水处理。据水中所含杂质种类不同，应采取不同的水处理方法。

1）对于水中较大的悬浮物来说，靠重力沉淀的方法就可以将其除掉，这种处理方式称为自然沉淀法。

2）对于水中的胶体微粒来说，常采用向水中加入一些化学药品，使胶体颗粒凝聚沉淀，这种处理方式称为混凝沉淀法。

3）对于溶于水中的盐类来说，可采用蒸馏法、离子交换法、电渗析法等。目前电厂多采用离子交换法。

炉外水处理就是由上述某些方法联合组成的水处理流程，一般如图 2－1 所示。

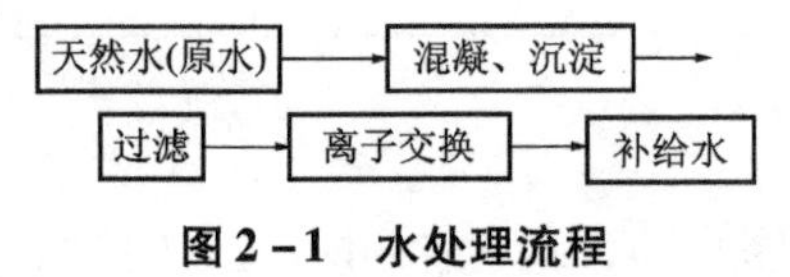

图 2－1　水处理流程

现将一般水处理流程中，各种水处理的方法、原理及其设备分述如下。

第一节　混凝、沉淀

一、混凝、沉淀的原理

混凝、沉淀过程一般是在澄清器内进行的。处理方法是：向水中加入混凝剂（硫酸铝、聚合铝和硫酸亚铁、氯化铁等）、石灰乳和镁剂（菱苦土或白云粉）等化学药品。各种药品的作用如下：

（1）混凝剂的作用

混凝剂在水中的作用是：促使水中微小的悬浮物或胶体颗粒相互凝聚而形成大颗粒下沉。

（2）石灰乳的作用

石灰乳的成分是氢氧化钙。石灰乳加入水中可以提高水的 pH 值，有利于不溶性氢氧化物沉淀出来：

$$Ca(OH)_2 + Ca(HCO_3)_2 \rightarrow 2CaCO_3\downarrow + 2H_2O$$

$$2Ca(OH)_2 + Mg(HCO_3)_2 \rightarrow 2CaCO_3\downarrow + Mg(OH)_2\downarrow + 2H_2O$$

上述化学反应的结果促使水的暂时硬度降低了。

（3）镁剂的作用

镁剂的主要化学成分是氧化镁（MgO）。如果在进行石灰、混凝处理时，向水中加入镁剂，就会使氢氧化镁的沉淀物增多。

除硅效果的好坏，除了必须加入适量的镁剂外，还与水的温度和 pH 值等有关。处理时最好的温度应为（40±1）℃，pH 值应为 10.1～10.3。

二、混凝、沉淀设备及处理过程

能够利用混凝、沉淀的方法除掉水中悬浮物的沉淀设备叫作澄清池。目前水处理常见的澄清池有水力循环澄清池、机械搅拌澄清池、脉冲澄清池和泥渣悬浮澄清池等。各种澄清池尽管在结构上有差异，但它们的工作原理是相似的。这里仅以悬浮澄清池为例来阐述澄清池的工作过程。图 2－2 所示为悬浮澄清池的结构示意图。

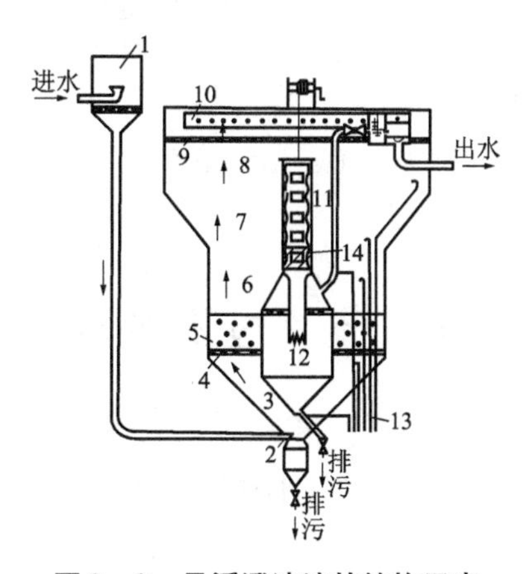

图 2－2　悬浮澄清池的结构示意

1—空气分离器；2—喷嘴；3—混合区；4—水平隔板；5—垂直隔板；6—反应区；7—过渡区；8—出水区；9—水栅；10—集水槽；11—排泥系统；12—泥渣浓缩器；13—采样管；14—可动罩子

原水首先经过空气分离器把水中含有的空气分离出去。这样就可以避免空气进入澄清池内搅动悬浮层，并把悬浮泥渣带出澄清池，进而破坏悬浮层的正常工作。

未含空气的水和各种药剂，经过喷嘴送入澄清池下部的混合区。由于混合区水流漩涡很强，可以使混凝剂与水充分混合。

在混合区顶部装有水平和垂直的多孔隔板，从混合区出来的水继续向上流经多孔板时，多孔板既能使水得到进一步的混合，又能消除漩涡使其成为平稳水流，进而进入反应区。反应区是澄清器的中心部分，也是主要工作区。当水进入反应区后，水中杂质逐渐凝聚成絮状悬浮物（称为泥渣），由泥渣组成的悬浮层对水能起过滤作用。

经过反应区悬浮层后的水，继续上升，进入过渡区。由于筒体截面逐渐增大，水的流速逐渐减小，进而使悬浮物与水分离。澄清池上部出水区截面最大，水在这里流速最低，于是水与悬浮物在此得到了很好的分离。最后，澄清水由环形集水槽引出，送至清水箱。

澄清池的中央设有垂直圆形的排泥筒。沿着排泥筒的不同高度开有许多层窗口，多余的泥渣自动经排泥窗口进入浓缩器，经浓缩后的泥渣由底部排污管排入地沟。

浓缩器与集水槽之间设有回水导管。由于浓缩器与集水槽之间有水位差，使浓缩器上部的清水经加水导管送入集水槽，而悬浮层上部的水经排泥窗口进入浓缩器，同时带走了多余的泥渣，使悬浮层保持固定的高度。

澄清池的出水水量，一般需达到以下标准：

1）悬浮物含量不大于 20 mg/L。

2）碱度不大于 0. 85 mg/L。

3）硅酸根含量平均可降至 1. 0 ~ 1. 5 mg/L。

4）耗氧量不大于 5 mg/L。

第二节　过滤处理

生水经过混凝、沉淀处理后，虽然已将水中大部分悬浮物等杂质除掉，但是水中仍残留有 20 mg/L 左右的细小悬浮颗粒，需要进一步处理。

除去残留的悬浮杂质，常用的方法是过滤。在电厂水处理中，主要是采用粒状滤料形成滤层，当浑水通过滤层时，就可以把水中悬浮物吸附、截留下来，并形成清水。

一、过滤原理

浑水通过滤层时，为什么能除掉水中的悬浮物呢？对过滤的机理，现在还有些不同的看法。目前人们认为，经过混凝处理的水，通过滤层的滤料时，滤层起到两个作用：一是滤料颗粒表面与悬浮物之间的吸力，使悬浮物被吸附；二是滤层对悬浮颗粒的机械筛除作用。但这两者中主要的是吸附作用。

二、滤料选择

选作滤料的固体颗粒应有足够的机械强度和很好的化学稳定性，以免在运行和冲洗时，因摩擦而导致破碎或因溶解而使引出水水质恶化。

1）石英砂有足够的机械强度，在中性、酸性水中都很稳定，但在碱性水中却能够溶解，使水受到污染。

2）无烟煤的化学稳定性较高，在一般碱性、中性和酸性水中都不溶解，它的机械强度也较好。

此外，还应该选择合适的滤料粒度和级配。

三、过滤设备及运行

过滤设备有多种，电厂水处理中常见的有机械过滤器和无阀滤池等。

1. 机械过滤器

(1) 设备结构

机械过滤器的结构如图 2－3 所示。

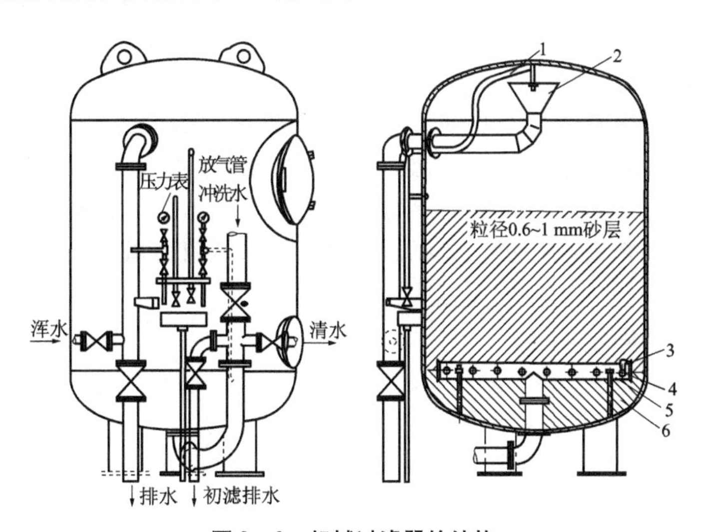

图 2－3　机械过滤器的结构

1—放气管；2—进水漏斗；3—缝隙式滤头；4—配水支管；5—配水干管；6—混凝土

它的本体是一个圆柱形容器，内部装有进水装置、滤层和排水装置。外部设有必要的管道、阀门等。在进、出口的两根水管上装有压力表，两表的压力差就是过滤时的水头损失（运行时的阻力）。

进水装置可以是漏头形式或其他形式的，其主要作用是使进水沿过滤器截面被均匀分配。滤层由滤料组成，滤料的粒径一般为 0.6 ~ 1.0 mm，滤层的厚度一般为 1.1 ~ 1.2 m。

排水系统多采用支管缝隙式配水装置。它的作用：一是使出水汇集和反洗水进入，并使其能沿着过滤器的截面均匀分布；二是阻止滤料被带出。

（2）设备运行

过滤器在工作时，浑水经进水口流到进水漏斗，然后流经过滤层除掉浑水中的细小悬浮物而成为清水，此清水经排水系统送出。系统滤速为 8 ~ 10 m/h 或更大。

过滤器在运行过程中，由于滤料不断吸附浑水中的悬浮杂质，使运行阻力逐渐增大。当阻力增大到一定时，应停止运行，对滤料进行反洗。

在反洗滤料时，先将过滤器内的水排放到滤层以上约 10 cm 处，用压缩空气吹洗 3 min 左右，然后将反洗清水和压缩空气从过滤器底部排水系统加入，经过滤层上升并冲动滤料使滤料浮动起来。此时滤料颗粒在水中游动并相互摩擦，通过这样的方式将滤粒表面所吸附的杂质洗掉。在用清水和压缩空气混合反洗 3 ~ 5 min 后，停止压缩空气，再仅用清水继续反洗约 2 min 后停止反洗。洗掉的吸附杂质随水上升，经上部进水漏斗和上底部排水门排入地沟。最后，继续用水正洗至合格，并投入运行或备用。

（3）双层滤料

一般机械过滤器多用单层滤料，但单层滤料反洗后，在水流的作用下，滤料颗粒形成了“上细下粗”的排列。由于滤层上部的砂粒细，砂粒之间孔隙小，所以吸附的悬浮物大多数集中在上面，致使滤层下部的滤料不能充分发挥吸附作用。如此，就带来了水流阻力增长快，运行周期短的缺点。

2. 无阀滤池

（1）设备结构

无阀滤池的结构如图 2 - 4 所示。

这种过滤设备是用钢筋水泥筑成的主体，由冲洗水箱、过滤室、集水室、进水装置以及冲洗用的虹吸装置等组成。

（2）设备运行

在无阀滤池运行时，浑水由进水槽 1 进入，经过进水管 2 流入过滤室 4，然后通过滤层除掉浑水中的悬浮杂质，使其成为清水汇集到下部的集水室 5，此清水再由连通管进入上部冲洗水箱 6，当水箱充满水后，澄清的水便经出水漏斗送出。

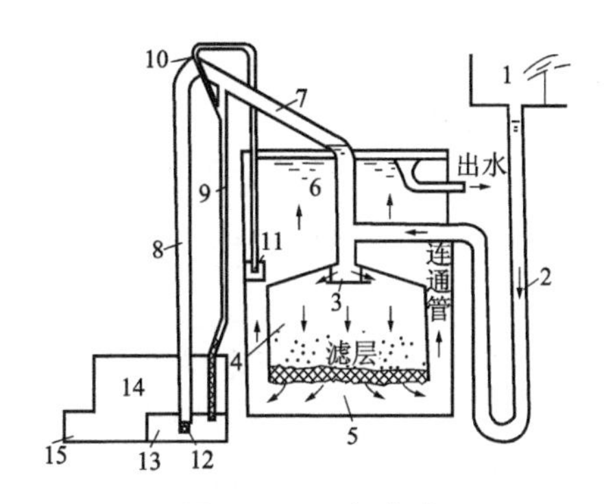

图 2-4　无阀滤池

1—进水槽；2—进水管；3—挡板；4—过滤室；5—集水室；
6—冲洗水箱；7—虹吸上升管；8—虹吸下降管；9—虹吸辅助管；
10—抽气管；11—虹吸破坏管；12—锥形挡板；13—水封槽；14—排水井；15—排水管

随着运行时间的增长，滤层的阻力逐渐增大。虹吸上升管 7 中的水面也随之升高，当水面上升到虹吸辅助管 9 的管口时，水立即从此管中急剧下降。这时主虹吸管（包括虹吸上升管 7 和虹吸下降管 8）中的空气便通过抽气管 10 被抽走，于是管中产生负压，使虹吸上升管和下降管中的水面同时上升，当两管水面上升达到汇合时，便形成了虹吸作用。这时，冲洗水箱的水，便沿着与过滤时相反的方向从下而上经过滤层，形成自动反洗。同时冲洗水箱的水位便下降，当水位降到虹吸破坏管 11 的管口以下时，空气便进入虹吸管内，虹吸作用遭到破坏，虹吸上升管的水位下降，反洗过程自动停止，过滤又重新开始。

经过机械过滤器或无阀滤池处理后的水，可以使出水中的悬浮物含量达到 5 mg/L 以下。

案例分析　水的预处理质量分析

任务一　总固体、挥发性固体测定

一、试验原理

总固体（*TS*）指试样在一定温度下蒸发至恒重时所剩余的总量，它包括样品中的悬浮物、胶体物和溶解性物质，既有有机物也有无机物。挥发性固体（*VS*）则表示水样中的悬浮物、胶体和溶解性物质中有机物的量。总固体中的灰分是经灼烧后所得残渣的量。

二、测定仪器

恒温干燥箱、马弗炉、瓷坩埚、干燥器。

三、操作步骤

1）将瓷坩埚洗净后在600℃的马弗炉中灼烧1 h，接着取出冷却，称至恒重，记作 a g。

2）取 V mL水样或1～2 g污泥，置于坩埚内称重，记作 b g，然后将其放入干燥箱内，在（105 ±2）℃下干燥至恒重，记作 c g。

3）将干燥后的样品放入马弗炉内，在600℃下灼烧2 h，之后取出冷却称重，记作 d g。

四、数据计算

总固体、挥发性固体及灰分的含量按如下公式计算可得：

$$TS=\frac{c-a}{V}\times 1\ 000\ (\text{g/L})$$

$$VS=TS-\text{灰分}\ (\text{g/L})$$

$$\text{灰分}=\frac{d-a}{V}\times 1\ 000\ (\text{g/L})$$

任务二　总悬浮物、挥发性悬浮物和灰分的测定

一、试验原理

总悬浮物（*TSS*）指水样经滤纸过滤后得到的悬浮物量，再经蒸发后所余固体物的量，不包括水样中的胶体和溶解性物质。挥发性悬浮物（*VSS*）为 *TSS* 中有机物的量。*TSS* 中的灰分是 *TSS* 经灼烧后的残渣量，三者之间的关系为 $TSS=VSS+$ 灰分。

二、测定仪器

恒温干燥箱、马弗炉、瓷坩埚、干燥器。

三、操作步骤

1）将滤纸放在（105 ±2）℃下的干燥箱内干燥2 h，并烘至恒重，记作 a g。

2）将坩埚在600℃马弗炉内灼烧1 h至恒重，重量记作 b g。

3）取 V mL水样或一定量污泥（用离心机离心上清液并过滤），并在滤纸上过滤后，放入坩埚内，在（105 ±2）℃下烘至恒重，重量记作 c g。

4）将干燥过的样品置于马弗炉内，并于600℃下灼烧2 h，取出放冷，称至恒重，记作 d g。

四、数据计算

总悬浮物、挥发性悬浮物以及灰分的含量按如下公式计算可得：

$$TSS = \frac{c - a - b}{V} \times 1\ 000 \text{（g/L）}$$

$$VSS = TSS - \text{灰分（g/L）}$$

$$\text{灰分} = \frac{d - b}{V} \times 1\ 000 \text{（g/L）}$$

第三章

水的除盐处理

第一节 离子交换树脂

水中溶解的电离杂质可用离子交换法除掉，此种方法是借助离子交换剂进行的。离子交换剂包括天然沸石、人造铝硅酸钠、磺化煤和离子交换树脂等四类，其中离子交换树脂在水处理中应用比较广泛，所以在讨论离子交换法之前，先对离子交换树脂的结构和性质做一些具体介绍。

一、树脂的结构

离子交换树脂是一种不溶于水的有机高分子化合物，外观上是一些直径为0.3～1.2 mm 的淡黄色或咖啡色的小球。微观上其实就是一种立体网状结构的骨架，骨架上联结着交换基团，交换基团中含有能解离的离子，图3－1所示为一种离子交换树脂的结构示意图。

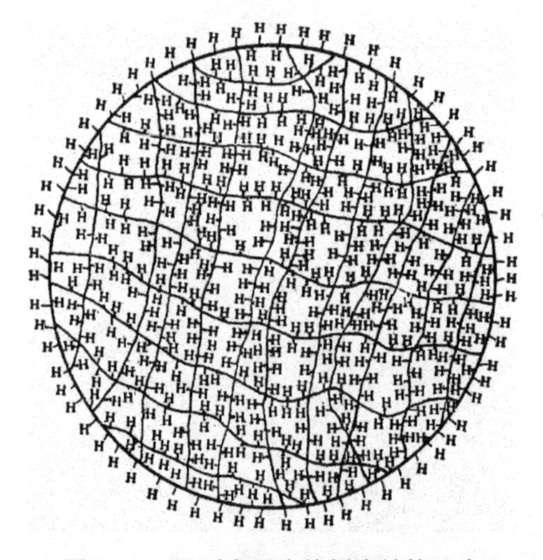

图3－1 H 型离子交换树脂结构示意

下面简单的介绍树脂网状结构的孔隙和交换基团。

1. 树脂孔隙

树脂内部的网架形成树脂中许多类似毛细孔状的沟道，即树脂的孔隙。实际上这些孔隙非常小，一般常用树脂的孔隙直径为 20～40 Å[①]，而且同一颗粒内的孔隙也是不均匀的。孔隙中充满着水分子，这些水分子也是树脂孔隙的一个组成部分。水和交换基团解离下来的离子组成浓度很高的溶液，离子交换作用就是在这样的溶液中进行的。

树脂孔隙的大小对离子交换运动有很大的影响，孔隙小则不利于离子交换运动，因为半径大的离子不能通过孔隙进入树脂内，也就不能发生交换作用。

由于树脂网状骨架部分不溶于水，因此它在交换反应时也是不变的，一般用英文树脂的第一个字母 R 来表示不变的这一部分。

2. 交换基团

交换基团是由能解离的阳离子（或阴离子）和联结在骨架上的阴离子（或阳离子）组成的。例如，磺酸基交换基团 $[-SO_3]^-H^+$，季胺基交换基团 $[-N(CH_3)_3]^+OH^-$ 等，其中 H^+ 或 OH^- 是能解离，并能在反应中发生交换；$[-SO_3]^-$ 或 $[-N(CH_3)]^+$ 是联结在骨架上的离子，即 $[R-SO_3]^-$ 或 $[R-N(CH_3)]^+$，它们在反应中是不变的。

在书写某种离子交换树脂时，一般只写出树脂骨架符号 R 和交换基团中能解离的离子符号，如 RH 或 ROH 等。

二、树脂的分类

离子交换树脂的分类，一般按交换基团能解离的离子种类分为阳离子交换树脂和阴离子交换树脂。

1. 阳离子交换树脂（阳树脂）

交换基团能解离的离子是阳离子的树脂，叫作阳离子交换树脂。使用的通常是游离酸型（即 RH 型），而各种 RH 解离出 H^+ 的能力不同，所以其又分为强酸性阳离子交换树脂和弱酸性阳离子交换树脂。

2. 阴离子交换树脂（阴树脂）

交换基团能解离的离子是阴离子的树脂，叫作阴离子交换树脂。使用的通常是游离碱型（即 ROH 型），而各种 ROH 解离出 OH^- 的能力不同，所以其又分为强碱性阴离子交换树脂和弱碱性阴离子交换树脂。

---

① 1 Å $=10^{-10}$ m。

3. 大孔型树脂和凝胶型树脂

离子交换树脂按其孔隙结构上的差异，又有大孔型和凝胶型（或微孔型）树脂之分。目前生产了一种孔隙直径为 200 ~ 1 000 Å 的树脂，其被称为大孔树脂，而把一般孔径在 40 Å 以下的树脂，称为凝胶型树脂。

三、物理性质

离子交换树脂的物理性质很多，下面只介绍常见的几种。

1. 粒度

树脂颗粒的大小对树脂的交换速度、树脂层中水流分布的均匀程度、水通过树脂层的压力降和反洗时树脂的流失等都有很大影响。树脂颗粒大，离子交换速度就小；颗粒小，水流阻力就大，且反洗时容易发生树脂流失。因此，颗粒的大小应适当。

2. 比重（单位体积重量）

树脂的比重对树脂的用量计算和混合床使用树脂的选择很重要。树脂比重的表示有以下几种：

（1）干真比重

干真比重是树脂在干燥状态下其本身的比重。

$$干真比重 = \frac{干树脂的重量}{干树脂的体积} \ (g/mL)$$

此处所指的干树脂的体积，既不包括颗粒与颗粒之间的空隙，也不包括树脂本身的网架孔隙。测干树脂体积时是将一定重量的干树脂浸入某种不使树脂膨胀的液体（如甲苯）中，测量其排出液体的体积，此体积即该一定重量干树脂的体积。干真比重一般为 1.6 g/mL 左右。

（2）湿真比重

湿真比重是树脂在水中经过充分膨胀后，树脂颗粒的比重。

$$湿真比重 = \frac{湿树脂的重量}{湿树脂的体积} \ (g/mL)$$

这里的湿树脂体积是指颗粒在湿润状态下的体积，包括颗粒中的网孔，但不包括颗粒与颗粒之间的空隙。湿真比重决定了树脂在水中的沉降速度。因此，树脂的湿真比重对树脂的反洗强度和混床再生前树脂的分层有很大影响。湿真比重一般为 1.04 ~ 1.3 g/mL。

（3）湿视比重

湿视比重是指树脂在水中充分膨胀时的堆积比重。

$$湿视比重 = \frac{湿树脂的重量}{湿树脂的堆积体积} \ (g/mL)$$

湿视比重用来计算交换器内装入一定体积树脂时，所需湿树脂的重量。湿视比重一般为0.6~0.85 g/mL。

3. 溶胀性

树脂的溶胀性是指树脂由干态变为湿态或者由一种离子型转换为另一种离子型时所发生的体积变化。前者称为绝对溶胀，后者称为体积溶胀。

树脂绝对溶胀度的大小与合成树脂用的二乙烯苯的数量有关。同一种树脂如果浸入不同浓度的电解质溶液中，其溶胀度也不同。溶液浓度小，其溶胀度就大；溶液浓度大，其溶胀度就小。

因此，当湿润干树脂时，不宜用纯水浸泡，一般用饱和食盐水浸泡，以防止树脂因溶胀过大而碎裂。

树脂体积溶胀度的大小与可交换离子的水合离子半径大小有关，树脂内可交换离子的水合离子半径越大，其溶胀度越大。

由于树脂转型时其体积发生变化，所以转型前后两种树脂的湿真比重也随之发生变化。当转型后的树脂体积增大时，其湿真比重减小；当转型后的树脂体积缩小时，其湿真比重增大。这一性质在混床树脂分层时作用很大。

由于树脂转型时发生体积变化，也能使树脂在交换和再生过程中发生多次胀、缩，致使树脂颗粒破碎。从这种情况来看，应尽量减少树脂的再生次数，延长使用时间。

4. 机械强度

树脂的机械强度是指树脂经过球磨或溶胀后，裂球增加的百分数。

机械强度好的树脂，应呈均匀的球形，没有内部裂纹，有良好的抗机械压缩性以及很低的脆性，在失效和再生时具有足够的抗裂能力。

5. 耐热性

各种树脂所能承受的温度有一定的最高极限，超过这个限度树脂就会发生迅速降解、交换容量降低、使用寿命减少。

一般阳树脂可耐100℃左右的温度，阴树脂中强碱性树脂可耐60℃左右的温度，弱碱性树脂可耐80℃左右的温度。此外，盐型树脂比氢型或氢氧型树脂耐热性好些。

四、化学性质

离子交换树脂的化学性质有离子交换、催化、络盐形成等。其中用于电厂水处理的，主要是利用它的离子交换性质。所以，在这里仅介绍离子交换反应的可逆性、选择性和表示交换能力大小的交换容量。

1. 离子交换反应的可逆性

当离子交换树脂遇到水中的离子时，能发生离子交换反应。反应结果是树脂的骨架不变，树脂中交换基团上能解离的离子与水中带同种电荷的离子发生交换。例如，用8%左右的食盐水，通过RH树脂后，出水中的H^+浓度增加，Na^+浓度减小。这说明食盐水通过RH树脂时，树脂中的H^+进入水中，食盐水中的Na^+被交换到了树脂上。这一反应过程为：

$$RH + NaCl \rightarrow RNa + HCl$$

或

$$RH + Na^+ \rightarrow RNa + H^+$$

如果用4%左右的盐酸通过已经变成RNa的树脂后，出水中的Na^+浓度增加，H^+浓度减小。这说明树脂中的Na^+进入水中，而盐酸中的H^+交换到了树脂上。这一反应过程为：

$$RNa + HCl \rightarrow RH + NaCl$$

或

$$RNa + H^+ \rightarrow RH + Na^+$$

对照两个反应可知：离子交换反应是可逆的。这种可逆反应可由反应式表示为：

$$RH + NaCl \rightleftharpoons RNa + HCl$$

或

$$RH + Na^+ \rightleftharpoons RNa + H^+$$

2. 离子交换反应的选择性

这种选择性是指树脂对水中某种离子所显示的优先交换或吸着的性能。同种交换剂对水中不同离子选择性的大小与水中离子的水合半径以及水中离子所带电荷大小有关；不同种的交换剂由于交换基团不同，对同种离子选择性大小也不一样。下面介绍四种交换剂对离子选择性的顺序。

1）强酸性阳离子交换剂，对水中阳离子的选择顺序如下：

$$Fe^{3+} > Al^{3+} > Ca^{2+} > Mg^{2+} > K^+ > NH_4^+ \approx Na^+ > H^+ > Li^+$$

2）弱酸性阳离子交换剂，对水中阳离子的选择顺序如下：

$$H^+ > Fe^{3+} > Al^{3+} > Ca^{2+} > Mg^{2+} > K^+ > NH_4^+ \approx Na^+ > Li^+$$

从上述选择顺序来看，强酸性阳离子交换剂对H^+的吸着力不强，而弱酸性阳离子交换剂则容易吸着H^+。所以，在实际应用中，用酸再生弱酸性阳离子交换剂比再生强酸性阳离子交换剂要容易得多。

3）强碱性阴离子交换剂，对水中阴离子的选择顺序：

$$SO_4^{2-} > NO_3^- > Cl^- > OH^- > F^- > HCO_3^- > HSiO_3^-$$

4）弱碱性阴离子交换剂，对水中阴离子的选择顺序：

$$OH^- > SO_4^{2-} > NO_3^- > Cl^- > HCO_3^-$$

从阴离子交换剂的选择性来看，用碱再生弱碱性阴离子交换剂比再生强碱性阴离子交换剂容易。但是弱碱性阴离子交换剂吸着 HCO_3^- 的能力很弱，并且不吸着 $HSiO_3^-$ 。因此，弱碱性阴离子交换剂应用于除掉水中强酸根离子。

3. 交换剂的交换容量

交换容量是离子交换剂的一项重要技术指标。它定量地表示出一种树脂能交换离子数量的多少。交换容量分为全交换容量和工作交换容量。

（1）全交换容量

全交换容量是指离子交换剂能交换离子的总数量。这一指标表示交换剂所有交换基团上可交换离子的总量。同一种离子交换剂，它的全交换容量是一个常数，常用 mg/g 来表示。

（2）工作交换容量

工作交换容量就是在实际运行条件下，可利用的交换容量。在实际离子交换过程中，可能利用的交换容量比全交换容量小得多，大约只有全交换容量的 60% ~70% 。某种树脂的工作交换容量大小和树脂的具体工作条件有关，如水的 pH 值、水中离子浓度、交换终点的控制标准、树脂层的高度和水的流速等，这些都影响树脂的工作交换容量，工作交换容量常用 mg/mL 来表示。

第二节　离子交换除盐

在离子交换法的水处理中，根据除掉水中离子种类的不同，分为离子交换法除盐（化学除盐）和离子交换法软化（化学软化）两种。其中使用比较广泛的是化学除盐，所以这里着重讨论化学除盐的原理、设备及运行，对于化学软化只做概括介绍。

一、化学除盐

化学除盐法就是将 RH 树脂和 ROH 树脂分别（或混合）放在两个（或一个）离子交换器内，用 RH 树脂除掉水中的金属离子，用 ROH 除掉水中的酸根，使水成为纯水。

1. 原理

化学除盐原理主要有两个交换反应，一是除盐反应，二是再生反应。

（1）除盐

当含盐水流过 RH 树脂层时，水中的金属离子与 RH 树脂中的 H^+ 发生交换反应。水中的 Na^+ 、Ca^{2+} 、Mg^{2+} ……等扩散到树脂的网孔内并留在其中，而网孔内的 H^+ 则扩散到水中。结果，水中除了少数残余的金属离子外，阳离

子换成了 H^+，这个过程可用下列反应式表示：

$$RH + Na^+ \rightarrow RNa + H^+$$

$$2RH + Ca^{2+} \rightarrow R_2Ca + 2H^+$$

$$2RH + Mg^{2+} \rightarrow R_2Mg + 2H^+$$

经过 RH 树脂处理后的水，再通过 ROH 树脂层时，水中的酸根离子与 ROH 发生交换反应。水中的 Cl^-、SO_4^{2-}、$HSiO_3^-$……离子扩散到树脂网孔内并留在其中，而网孔中的 OH^- 则扩散到水中。结果，水中除了少数酸根外，阴离子换成了 OH^-，这个过程可用下列反应式表示：

$$ROH + Cl^- \rightarrow RCl + OH^-$$

$$2ROH + SO_4^{2-} \rightarrow R_2SO_4 + 2OH^-$$

$$ROH + HSiO_3^- \rightarrow RHSiO_3 + OH^-$$

进而，水中的 H^+ 与 OH^- 相结合变成水：

$$H^+ + OH^- \rightarrow H_2O$$

水经过 RH 阳树脂和 ROH 阴树脂处理后，水中的金属阳离子被交换成 H^+，酸根阴离子被交换成 OH^-，同时它们相结合生成水，而原水中的盐类被除去。这样处理后的水叫作除盐水。

（2）再生

RH 树脂和 ROH 树脂经过交换后，分别转变为 RNa、R_2Ca、R_2Mg……和 RCl、R_2SO_4、$RHSiO_3$……新型树脂。这些新型树脂不能再起除盐作用，这种现象叫作树脂的失效。使失效的树脂重新恢复成最初类型的树脂的过程，称为再生。再生是根据离子交换反应的可逆性进行的。例如：

$$RH + Na^+ \underset{\text{再生}}{\overset{\text{除盐}}{\rightleftharpoons}} RNa + H^+$$

$$ROH + Cl^- \underset{\text{再生}}{\overset{\text{除盐}}{\rightleftharpoons}} RCl + OH^-$$

即反应向右进行是除盐，向左进行是再生，而反应究竟向哪个方向进行与离子的性质和溶液的离子浓度有关。在溶液中反应方向主要决定于离子被树脂选择的过程，当溶液中某种离子浓度增大到一定范围时，反应就可以按人们指定的方向进行。在上述反应中分别增加 H^+ 浓度和 OH^- 浓度，反应就向再生方向进行。这一可逆反应表明了失效树脂再生的条件。RH 阳树脂失效后可采用一定浓度的酸溶液再生，ROH 阴树脂失效后可采用一定浓度的碱溶液再生。能使树脂再生的药剂如酸、碱等，称为再生剂（或还原剂）。

在生产中，RH 的再生液一般为 4% ~5% 浓度的盐酸或 1% ~2% 浓度的硫酸；ROH 的再生液一般为 3% ~4% 浓度的氢氧化钠溶液。

2. 设备和运行

（1）复床

水处理使用的离子交换器有多种形式，其运行方式也各不相同，常见的有复床除盐和混床除盐。

复床就是把 RH 树脂和 ROH 树脂分别装在两个交换器内组成的除盐系统。装有 RH 树脂的叫作阳离子交换器；装有 ROH 树脂的叫作阴离子交换器。

1）设备结构。

复床离子交换器的主体是一个密闭的圆柱形壳体，体内设有进水、排水和再生装置，如图 3－2 所示。

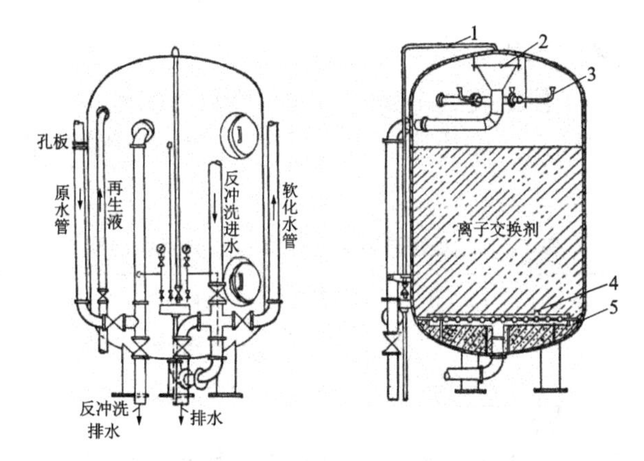

图 3－2　复床离子交换器结构

1—放空气管；2—进水漏斗；3—再生装置；4—缝隙式滤头；5—混凝土

进水装置多采用喇叭口形，水沿喇叭口周围淋下，以便使水分布均匀；排水装置近年来多采用穹形多孔板加石英砂垫层的结构，也有用排水帽的；再生装置有辐射形、圆环形和支管形，如图 3－3 所示。

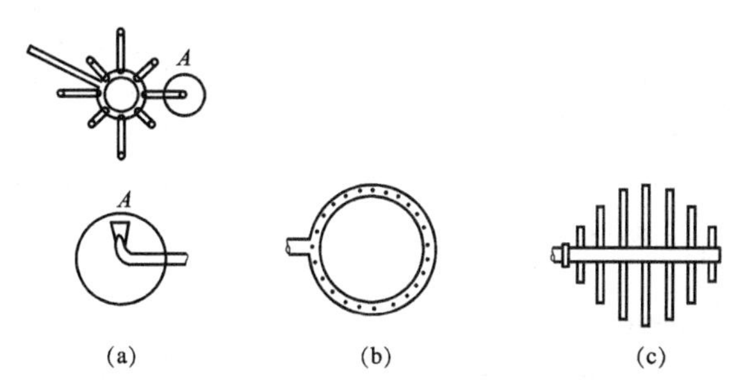

图 3－3　复床离子交换器再生装置

（a）辐射形；（b）圆环形；（c）支管形

2）运行步骤。

交换器的运行分为四个阶段：交换除盐、反洗、再生和正洗。

① 交换除盐。

在除盐运行阶段，被处理的水经过阳离子交换器，再进入阴离子交换器，除盐后的水送入除盐水箱。阳离子交换器内装有一定量的 RH 树脂，在阳离子交换器内，水中的金属离子与 RH 树脂中的 H^+ 交换，金属离子则被交换到树脂上；阴离子交换器内装有一定量的 ROH 树脂，在阴离子交换器内，水中的酸根离子与 ROH 树脂中的 OH^- 交换，酸根离子被交换到树脂上。经过两种方式交换处理后的水被送入除盐水箱。交换器运行若干小时后，出水含盐量增加，水的导电度增大。当运行到出水导电度明显增大并达到一定值时，说明交换剂已经失效，不能再生产出合格的水。

在生产中，为了便于用导电度表监视树脂是否已经失效，一般是让阳树脂先失效，树脂失效后，停止运行进行再生。水处理用的主要离子交换树脂性能见表 3－1。

表 3－1　水处理用的主要离子交换树脂性能

产品牌号	产品名称	外观	全交换容量/ $(mg\cdot g^{-1})$	工作交换容量/ $(mg\cdot mL^{-1})$	机械强度/%	粒度	膨胀率/%	湿真比重
701# （弱碱 330）	环氧型弱碱性阴离子交换树脂	金黄至琥珀色球状颗粒	≥9	0.7～1.1	≥90	10～50 目占 90% 以上	$OH^-\rightarrow Cl^-$ ≤20	1.05～1.09
704# （弱碱 311×2）	苯乙烯型弱碱性阴离子交换树脂	淡黄色球状颗粒	≥5	0.6～1.0	—	16～50 目占 95% 以上	—	1.04～1.08
711# （强碱 201×4）	苯乙烯型强碱性阴离子交换树脂	淡黄至金黄色球状颗粒	≥3.5	0.35～0.45	—	16～50 目占 90% 以上	85（水中）	1.04～1.08
717# （强碱 201×7）	苯乙烯型强碱性阴离子交换树脂	淡黄至金黄色球状颗粒	≥3	0.3～0.35	≥95	16～50 目占 95% 以上	30～80	1.06～1.11
724# （弱酸 101）	丙烯酸型弱酸性阳离子交换树脂	乳白色球状颗粒	≥9	—	—	20～50 目占 80% 以上	$H^+\rightarrow Na^+$ 150～190	—

续表

产品牌号	产品名称	外观	全交换容量/(mg·g^{-1})	工作交换容量/(mg·mL^{-1})	机械强度/%	粒度	膨胀率/%	湿真比重
732#(强酸1×7)	苯乙烯型强酸性阳离子交换树脂	淡黄至褐色球状颗粒	≥4.5	1.1~1.5	—	16~50目占95%以上	22.5(水中)	1.24~1.29
强碱201(717#)	苯乙烯、苯二乙烯阴离子交换树脂	淡黄色透明球状颗粒	2.7	1.0	长期使用磨损极微	0.3~1.2 mm	30~80	>1.13
强酸010(732#)	苯乙烯、苯二乙烯阴离子交换树脂	黄棕色或金黄色透明球状颗粒	4~5	≥1.7	长期使用磨损极微	0.3~1.2 mm	80~120	>1.04
301#(弱碱型)	弱碱性301#阴离子交换树脂	—	≥3	—	—	—	—	—
301#多孔弱碱	多孔弱碱性301#	—	—	1.1	比普通树脂好	—	—	—
201#强碱	强碱性201#阴离子交换树脂	淡黄透明球状颗粒	2.7	1.0	长期使用磨损极微	16~50目	30~80	>1.13
201#多孔强碱	多孔强碱性201#阴离子交换树脂	—	—	≥1.0	比普通树脂好	—	—	—
101#弱酸	弱酸性101#阳离子交换树脂	白色微透明球状	12	—	耐磨性好	16~50目	$H^+ \to Na^+$ 50~70	1.15
强酸1#	苯乙烯型阳离子交换树脂	淡黄棕色透明	≥4.5	≥1.8	≥90	16~50目占95%以上	80~120	>1.04
强酸31#(多孔)	多孔强酸1#阳离子交换树脂	—	—	1.8	比普通树脂好	—	—	—

续表

产品牌号	湿视比重	水分/%	交联度/%	活性基团	出厂离子型	pH值允许范围	允许温度/℃	再生				正洗	
								再生剂	浓度/%	用量（树脂体积倍数）	流速/$(m \cdot h^{-1})$	用量（树脂体积倍数）	流速/$(m \cdot h^{-1})$
701# （弱碱330）	0.60 ~ 0.75	58 ~ 68	—	$-NH_2$ $=NH$ $\equiv N$ $=N=$	OH^-	0 ~ 9	<80	NaOH、Na_2CO_3	3 ~ 5、6 ~ 7	4 ~ 5	5 ~ 7	10 ~ 15	15 ~ 20
704# （弱碱311×2）	0.65 ~ 0.75	45 ~ 55	2	$-NH_2$ $=NH$	Cl^-	0 ~ 9	<90	NaOH、Na_2CO_3	3 ~ 5、6 ~ 7	5 ~ 6	5 ~ 7	10 ~ 15	15 ~ 20
711# （强碱201×4）	0.65 ~ 0.75	50 ~ 60	4	$[-N(CH_3)_3]^+$	Cl^-	0 ~ 12	氯型<70 羟型<50	NaOH	3 ~ 5	2 ~ 4	5 ~ 7	5 ~ 15	15 ~ 20
717# （强碱201×7）	0.65 ~ 0.75	40 ~ 50	7	$[-N(CH_3)_3]^+$	Cl^-	0 ~ 12	<60	NaOH	3 ~ 5	2 ~ 3	5 ~ 7	10 ~ 15	15 ~ 20
724# （弱酸101）	—	≤65	—	$[-COO]^-$	H^+	>6	—	—	—	—	—	—	—
732# （强酸1×7）	0.75 ~ 0.85	46 ~ 52	7	$[-SO_3]^-$	Na^+	1 ~ 14	<110	HCl、H_2SO_4	5 ~ 10、1 ~ 2	2 ~ 3	4 ~ 6、8 ~ 12	5 ~ 10	15 ~ 20
强碱201（717#）	0.64 ~ 0.68	40 ~ 50	7	$[-N(CH_3)_3]^+$	Cl^-	0 ~ 12	<60	NaOH	3 ~ 5	—	5 ~ 8	10	15 ~ 20
强酸010（732#）	0.76 ~ 0.8	45 ~ 55	—	$[-SO_3]^-$	Na^+	0 ~ 14	钠型<120 氢型<100	HCl	4 ~ 10	—	5 ~ 10	5 ~ 10	15 ~ 20
301# （弱碱型）	—	—	—	—	—	—	—	—	—	—	—	—	—

续表

产品牌号	湿视比重	水分/%	交联度/%	活性基团	出厂离子型	pH值允许范围	允许温度/℃	再生				正洗	
								再生剂	浓度/%	用量（树脂体积倍数）	流速/$(m \cdot h^{-1})$	用量（树脂体积倍数）	流速/$(m \cdot h^{-1})$
301#多孔弱碱	—	—	—	—	—	—	—	—	—	—	—	—	—
201#强碱	0.64～0.68	40～50	—	$[-N(CH_3)_3]^+$	Cl^-	0～12	<60	NaOH	3～5	—	5～8	10	15～20
201#多孔强碱	—	—	—	$[-N(CH_3)_3]^+$	—	—	—	—	—	—	—	—	—
101#弱酸	0.7	60～70		$[-COO]^-$	H^+	>6	—	HCl	<4	—	5	2	5
强酸1#	0.76～0.85	45～55	7	$[-SO_3]^-$	Na^+	1～14	钠型<120 氢型<100	HCl	4～6	6～8	6～15	5	5～20
强酸31#（多孔）	—	—	—	$[-SO_3]^-$	Na^+	—	—	—	—	—	—	—	—

② 反洗。

树脂再生前需要先进行反洗。这是因为变换是在较大压力下进行的，树脂颗粒间压得很紧，所以在树脂层内会产生一些破碎的树脂。反洗水经底部反洗进入水门进入离子交换器内，自下而上的流过树脂层，再进入上部漏斗由排水门排入地沟。反洗时要求树脂层膨胀30%～40%，以便使树脂得到充分清洗。反洗一直要进行到出水澄清为止。为了防止树脂被冲走，应先慢慢开大反洗进水门，然后慢慢开大排水门，且使用的反洗水不应污染树脂。

③ 再生。

再生是一项重要的操作过程。再生开始前，打开空气门和排水门，放掉交换器内一部分水，使水位降到树脂层上10～20 cm处，关闭排水门。然后将一定浓度的再生液送进交换器内，由再生装置将再生液均匀分布到整个树脂层上，并将交换器内的空气经空气管排出。当交换器内的空气排完，再生液充满筒体后，关闭空气门，打开排水门，此时再生液流过树脂层，并与失效的阳离子（或阴离子）树脂发生离子交换反应，使失效树脂得到再生。再生过程中的废液从排水门排走。

④ 正洗。

待树脂中再生后的废液基本排完后，树脂中仍有残留的再生剂和再生产物，必须把它们洗掉，交换器方能重新投入运行。正洗时，清水沿运行路线进入交换器，由排水门排入地沟。正洗开始时，排出的废液中仍有再生剂和再生产物，随着正洗的进行，出水中的再生剂和再生产物逐渐减少，同时除盐的交换反应也开始发生，当排出的水基本符合水质标准时，即可关闭排水门，结束正洗，将设备投入运行或备用。

交换器的除盐→反洗→再生→正洗的全过程叫作一个运行周期。

（2）混床

经过复床除盐的水，仅适用于一般高压锅炉的补给水，仍不能满足高参数锅炉的给水水质要求。为此，可以将复床除盐水再通过混床处理，以提高水质的纯度。

混床就是把阳、阴离子交换树脂放在同一个交换器内，并在运行前使两种树脂充分混合均匀。

1）混床的除盐原理。

一般制取高纯度的除盐水，均采用 RH 与 ROH 树脂（即 H-OH 型）混床。在这种混床内，可以把树脂层内的 RH 与 ROH 树脂颗粒看作混合交错排列的，这样的混床就相当于许多级复床串联在一起，有利于下列反应：

$$RH + Na^+ \rightarrow RNa + H^+$$

$$ROH + HSiO_3^- \rightarrow RHSiO_3 + OH^-$$

$$H^+ + OH^- \rightarrow H_2O$$

由于 RH 与 ROH 树脂颗粒交错排列，生成的 H^+ 和 OH^- 很快能结合成难解离的水，使除盐反应进行得比较彻底。因此，H-OH 型混床的出水水质纯度很高。

2）设备结构。

一般采用的混床有固定式体内再生混床和固定式体外再生混床。这里介绍固定式体内再生混床设备，如图 3－4 所示。

这种离子交换器是一个圆柱形密闭容器，交换器上部设有进水装置，下部有配水装置，中间装有阳、阴树脂再生用的排液装置，中间排液装置的上方设有进碱装置。

3）再生。

混床是把阳、阴树脂混合装在同一个交换器内运行的，所以运行操作与一般固定床不同，特别是混床的再生操作差别很大。当混床树脂失效再生时，

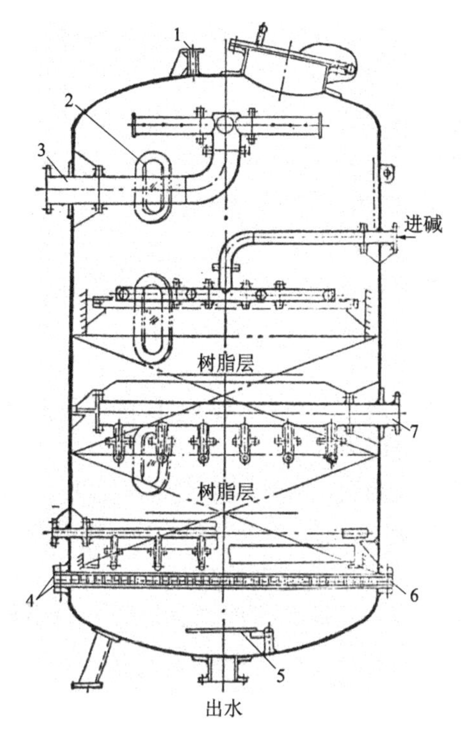

图 3-4 固定式体内再生混床离子交换器结构

1—放空气管；2—观察孔；3—进水装置；
4—多孔板；5—挡水板；6—滤布层；7—中间排液装置

首先应把混合的阳、阴树脂分层，然后才能分别通过酸、碱再生液进行再生，这是混床操作的特点。

再生方法分为体内再生法和体外再生法。本节介绍体内再生法，其步骤为：反洗分层、再生和正洗。

① 反洗分层。

混床内阳、阴树脂间的湿真比重差是混床树脂分层的重要条件。阳树脂的湿真比重为 1.23 ~ 1.27，而阴树脂的湿真比重为 1.06 ~ 1.11。由于阳、阴树脂湿真比重的不同，当混床树脂反洗时，在水流作用下树脂会自动分层，上层是湿真比重较小的阴树脂，下层是湿真比重较大的阳树脂。阳、阴树脂的湿真比重差越大，分层越迅速、彻底；湿真比重差小，分层比较困难。树脂的湿真比重与失效树脂转型有关，失效树脂转型不同，其湿真比重也各不相同，不同型式阳树脂的比重顺序为：

$$\gamma_{H} < \gamma_{NH_4} < \gamma_{Ca} < \gamma_{Na} < \gamma_{K} < \gamma_{Ba}$$

不同型式阴树脂的比重顺序为：

$$\gamma_{OH} < \gamma_{Cl} < \gamma_{CO_3} < \gamma_{HCO_3} < \gamma_{NO_3} < \gamma_{SO_4}$$

式中，γ——湿真比重，γ 右下角的符号表示树脂的类型。

为了提高树脂分层的效果，有时会在分层前向混床内通入 NaOH 溶液，使阳树脂转换为湿真比重较大的 RNa 树脂，使阴树脂转换为湿真比重较小的 ROH 树脂。这样可以增大阳、阴树脂间的湿真比重差，以达到提高分层效果的目的。

此外，反洗流速也影响分层效果。一般反洗流速应控制在使整个树脂层的膨胀率为 50% 以上。

② 再生。

混床中阳、阴树脂分层后，就可以对上层的阴树脂和下层的阳树脂分别进行再生，也可同时进行再生。

以分别再生为例，说明再生操作：再生阴树脂时，碱液从上部的进碱管进入，通过失效的阴树脂层，使失效树脂再生，其废液由混床中部排液装置排出。此时应特别注意防止碱液浸润阳树脂层。为此，在再生阴树脂的同时将清水按酸再生液的途径，从底部不断送入。当阴树脂再生完毕后，继续向阴树脂层送进清水，清洗阴树脂层中的再生废液，清洗至排水的氢氧碱度为 0.5 mg/L 时为止。

③ 正洗。

正洗就是让清洗水从上部进入，通过再生后的树脂层由底部排出。

首先进行混合前正洗，当正洗到排水的电导率在 1.5 μS/cm 以下时，停止混合前的正洗，然后从混床交换器底部输入压缩空气，把两种树脂混合均匀，再进行混合后的大流量正洗（流速约为 20 m/h）至出水合格，之后将树脂投入运行或备用。

混床的出水纯度虽然很高，但树脂交换容量的利用率低、树脂磨损大、再生操作复杂。因此，它适用于处理含有微量盐的水，如经过一级复床处理的除盐水和凝结水等，这样可以延长混床的运行周期，减少再生次数。

二、化学软化

含有较多 Ca^{2+} 和 Mg^{2+} 的水叫作硬水。降低水中 Ca^{2+} 和 Mg^{2+} 的含量或把水中 Ca^{2+} 和 Mg^{2+} 基本全部除掉的工作叫作软化。经过软化后的水叫作软水。

化学软化的反应原理、设备及其运行步骤基本上与复床除盐相似，不同的是软化只是除掉水中的 Ca^{2+} 和 Mg^{2+}，软化所用的交换剂是 RNa 或 RH。如果交换剂为 RNa 时，再生液为 5% ~10% 的食盐水。软化和再生反应式如下：

$$2RNa + \begin{matrix} Ca^{2+} \\ Mg^{2+} \end{matrix} \underset{\text{再生}}{\overset{\text{软化}}{\rightleftharpoons}} \begin{matrix} R_2Ca \\ R_2Mg \end{matrix} + 2Na^{+}$$

软化水的含盐量比除盐水中的含盐量高，所以软化水只能做中、低压锅炉或蒸发器的补给水。

第三节　除 CO_2 器

河水和井水一般均含有重碳酸盐，这种水经过 RH 树脂层时，会发生如下反应：

$$2RH + Ca(HCO_3)_2 \rightarrow R_2Ca + 2H_2CO_3$$

$$2RH + Mg(HCO_3)_2 \rightarrow R_2Mg + 2H_2CO_3$$

水中其他重碳酸盐也发生类似反应，致使水中重碳酸盐转变为碳酸。除 CO_2 器主要就用于除去水中的这部分碳酸。

1. 除 CO_2 的原理

含有重碳酸盐的水经过 RH 树脂处理后，它的 pH 值一般在 4.3 以下。在这种情况下水中的 H_2CO_3 能分解为水和二氧化碳：

$$H_2CO_3 \rightleftharpoons H_2O + CO_2$$

这种 CO_2 可以看作是溶于水的气体。当水面上的 CO_2 压力降低或向水中鼓风时，溶于水中的 CO_2 就会从水中逸出。根据这个性质，可以采用真空法或鼓风法来除去水中的 CO_2。

2. 鼓风除 CO_2 器

鼓风除 CO_2 器是一个圆柱形设备，如图 3-5 所示。除 CO_2 器的圆柱体可

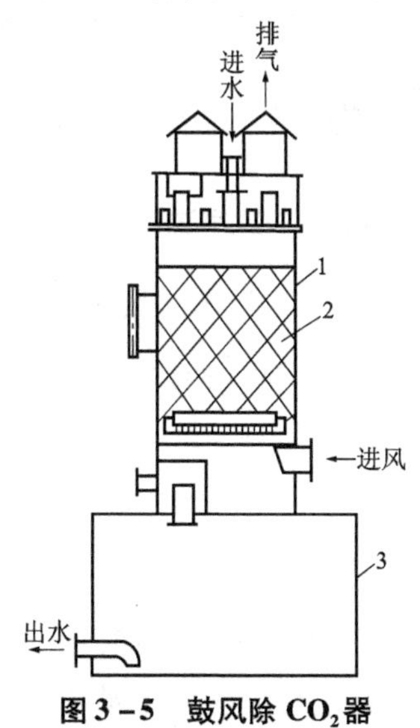

图 3-5　鼓风除 CO_2 器

1—脱气塔；2—充填物（瓷环）；3—中间水箱

用金属、塑料或木料制成。如果用金属制造，圆柱体的内表面应采取适当防腐措施。柱体内一般装有瓷环，瓷环的作用是使水与空气能充分接触。

除CO_2器运行时，水从圆柱体上部进入，经配水管和瓷环填料后，从下部流入储水箱。空气则由鼓风机从柱体底部送入，经瓷环并与水充分接触，然后由上部排出。由于空气中CO_2含量很少，它的压力只占大气压力的0.03%左右，因此当空气鼓进柱体并与水接触时，水里的CO_2就会扩散到空气中去，当水从上往下流动遇到从下向上的空气时，水中绝大部分CO_2即随空气带走。水越往下流其中CO_2越少，当水流到柱体底部时，残余的CO_2一般只剩5~10 mg/L。

第四节　降低酸、碱耗的措施

在对给水进行化学除盐的过程中，费用最大的是树脂再生用的酸或碱。降低再生用的碱耗，是提高化学除盐经济性运行的主要途径。

一、酸、碱耗的计算方法

在计算化学除盐的酸、碱耗时，常用单耗和比耗来表示。

1. 单耗

再生剂的单耗是指除去水中1 g的离子，实际消耗再生剂的克数：

$$酸单耗=\frac{再生用纯酸量（g）}{周期出水量（t）\times 总阳离子量（mg/L）}$$

$$碱单耗=\frac{再生用纯碱量（g）}{周期出水量（t）\times 总阴离子量（mg/L）}$$

其中：

$$总阳离子量=入口水碱度+出口水酸度$$

$$总阴离子量=入口水酸度+\frac{CO_2}{44}+\frac{SiO_2}{60}$$

式中：CO_2——阴离子交换器入口水中CO_2的含量（mg/L）；

SiO_2——阴离子交换器入口水中SiO_2的含量（mg/L）。

2. 比耗

再生剂的比耗是指实际用的再生剂单耗与再生剂理论消耗量的比值：

$$比耗=\frac{再生剂单耗（g）}{再生剂理论耗量（g）}$$

再生剂理论耗量是指交换进行反应时所消耗的再生剂量。例如，要除去水中1 g的阳离子，消耗盐酸的理论量应为36.5 g，如果它的单耗为54.75 g，则其比耗为：

$$盐酸比耗=\frac{54.75\ g}{36.5\ g}=1.5$$

二、降低酸、碱耗的措施

运行中酸、碱耗的大小与原水中盐的种类和数量、再生工艺、设备形式和树脂性能等因素有关。目前在降低酸、碱耗方面主要采取以下几种措施：

1）逆流再生。

逆流再生是再生液的流向与运行时水的流向相反。这种再生方式能使保护层树脂（指运行时水流经过的那一部分树脂）再生彻底，再生液也得到了充分利用。这样，就可以降低酸和碱的消耗量，提高出水水质。

逆流设备在运行时，使被处理的水最后与再生彻底的保护层接触，有利于提高出水水质。另外，水在进入交换器时，首先接触的是再生程度较差的树脂，由于水中 H^+、OH^-（或软化处理时的 Na^+）浓度小，反应按除盐（或软化）方向进行，这就使再生程度较差的树脂也能充分发挥作用。

目前，我国使用的逆流交换器有逆流再生固定床和浮动床等。

逆流再生固定床在运行时，待处理的水由交换器上部进入，经过树脂层后由下部流出。树脂再生时，再生液由交换器下部进入，经过树脂层的再生废液，由上部排出。

浮动床在运行时，要处理的水从交换器底部进入，利用水流的动能使树脂以密实状态向上托起，这个过程称为成床，水流过床层后由顶部排出。树脂再生时，树脂层下落，这个过程称为落床。落床后再生液由交换器上部进入，经过树脂层的再生废液由底部排出，如图 3－6 所示。

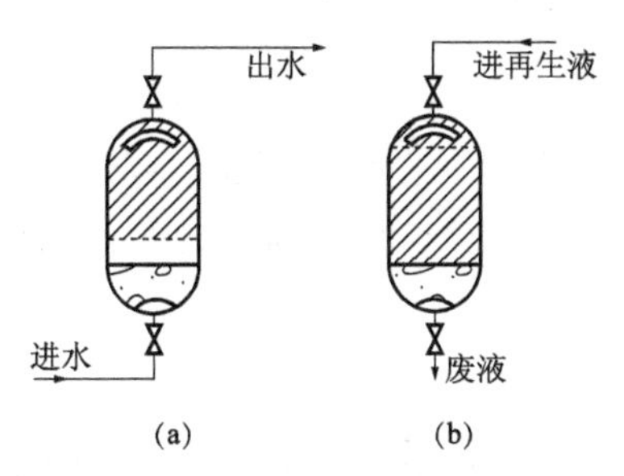

图 3－6　浮动床工作原理示意

（a）运行状态；（b）再生状态

表 3－2 列出了我国某些电厂采用逆流交换器运行时的经济指标和出水水质。

表 3-2 逆流与顺流再生的酸、碱耗和出水水质

项目	酸、碱耗/g				出水水质			
	顺流		逆流		顺流		逆流	
	酸耗	碱耗	酸耗	碱耗	漏 Na^+/ ($mg \cdot L^{-1}$)	电导率/ ($\mu S \cdot cm^{-1}$)	漏 Na^+/ ($mg \cdot L^{-1}$)	电导率/ ($\mu S \cdot cm^{-1}$)
××厂	82	93	45	55	200～1 000	4～10	20	1.0
××厂	85	100	42.5	55	150～700	4～10	20～40	1.0～2.0
××厂	92	99	46	68.4	700～800	10	40～60	5
注：再生液采用的酸为盐酸（HCl），碱为氢氧化钠（NaOH）。								

2）设置前置式交换器。

将一个强酸性（或强碱性）离子交换器设计成两个，并前后安装。运行时，原水先通过前者，再通过后者。再生时，再生液先流经后者，再流经前者。这种水处理方式，由于采用了类似逆流再生的办法，可使酸、碱耗降低。

3）设置双层床离子交换器。

双层床是将强酸性与弱酸性（或强碱性与弱碱性）离子交换树脂分层装在固定床交换器中。弱酸性（或弱碱性）树脂装在上层，强酸性（或强碱性）树脂装在下层。运行时，水从上部流入，由下部排出；再生时，再生液从下部进入失效树脂层，由上部排出。由于弱酸（或弱碱）树脂失效后很容易再生，因此再生液从底部经过强酸（强碱）树脂后的稀溶液对弱酸（弱碱）树脂还能起再生作用。这样，再生剂便得到了充分的利用，降低了酸、碱耗。

4）废再生液回收。

当使用顺流固定床交换器时，再生强酸性或强碱性树脂的废液，其酸、碱浓度在2%左右，应将这种废液回收到专设的容器内，供下次初步再生时使用。

第五节 锅炉补给水的处理系统

电厂常用的几种基本水处理系统及其适用范围列于表 3-3 中。

表 3－3　锅炉补给水处理系统

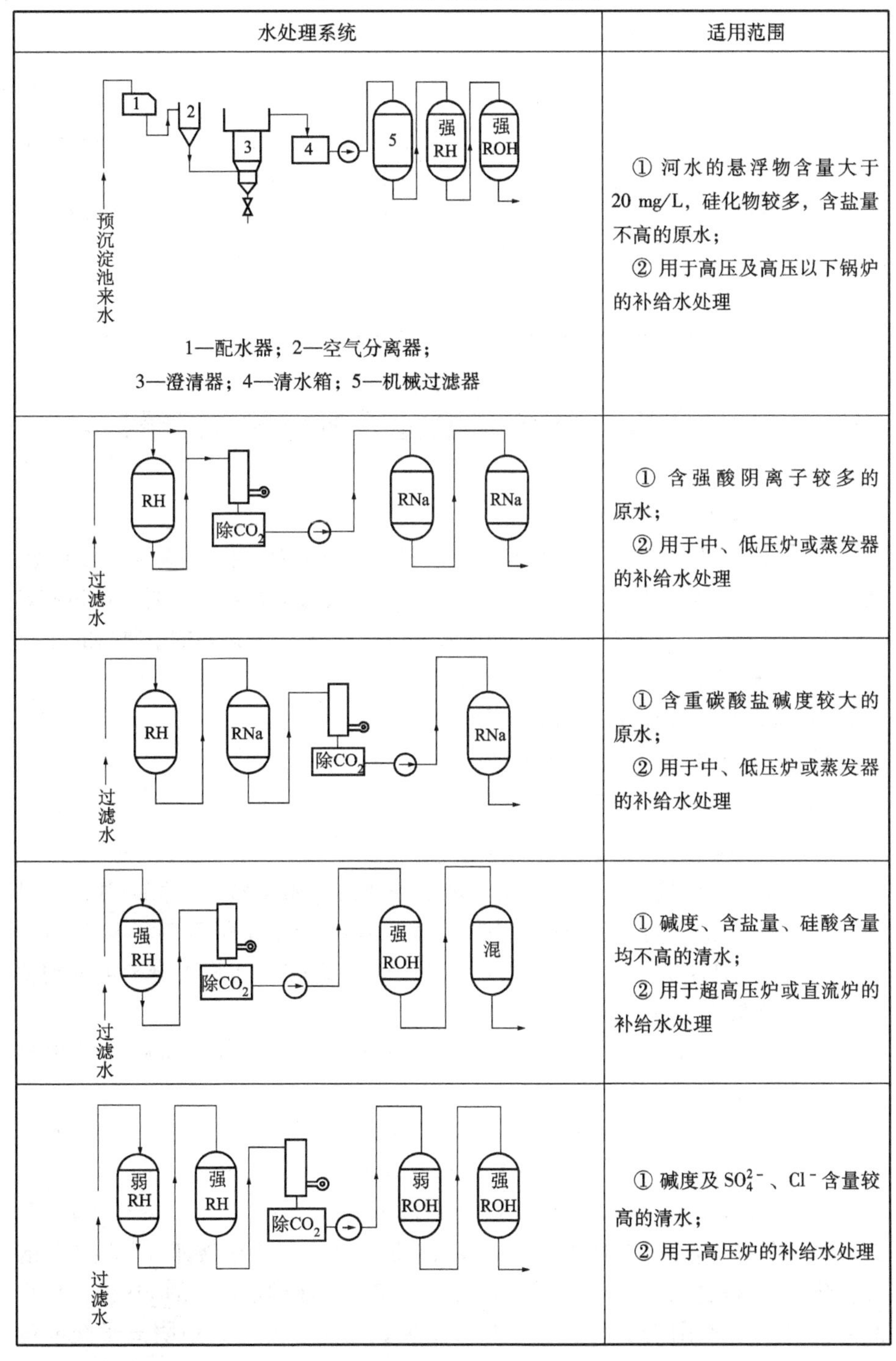

水处理系统	适用范围
 1—配水器；2—空气分离器； 3—澄清器；4—清水箱；5—机械过滤器	① 河水的悬浮物含量大于 20 mg/L，硅化物较多，含盐量不高的原水； ② 用于高压及高压以下锅炉的补给水处理
	① 含强酸阴离子较多的原水； ② 用于中、低压炉或蒸发器的补给水处理
	① 含重碳酸盐碱度较大的原水； ② 用于中、低压炉或蒸发器的补给水处理
	① 碱度、含盐量、硅酸含量均不高的清水； ② 用于超高压炉或直流炉的补给水处理
	① 碱度及 SO_4^{2-}、Cl^- 含量较高的清水； ② 用于高压炉的补给水处理

续表

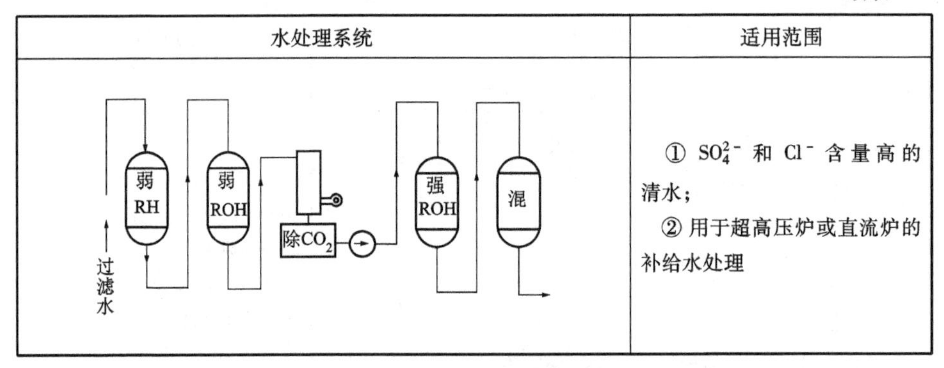

水处理系统	适用范围
	① SO_4^{2-} 和 Cl^- 含量高的清水； ② 用于超高压炉或直流炉的补给水处理

案例分析　离子交换柱层析分离核苷酸

一、试验目的

本试验以酵母 RNA（核糖核苷酸）为材料，将 RNA 用碱水解成单核苷酸，再用离子交换柱层析进行分离，最后采用紫外吸收法进行鉴定。同时通过测定各单核苷酸的含量，可以计算出酵母 RNA 的碱基组成，本试验的主要目的是：

1）了解掌握 RNA 碱水解的原理和方法。

2）掌握离子交换柱层析的分离原理和方法。

3）熟练掌握紫外吸收分析方法。

二、试验原理

1. RNA 的碱水解

试验室制备单核苷酸一般用化学水解法（酸、碱水解）和酶解法。RNA 用酸水解可得到嘧啶核苷酸和嘌呤碱基；用碱水解可得到 2′－核苷酸和 3′－核苷酸的混合物；用 5′－磷酸二酯酶或 3′－磷酸二酯酶水解则可分别得到5′－ 核苷酸或 3′－核苷酸。

RNA 用碱水解，要先经过 2′，3′－环核苷酸中间物，而后水解生成 2′－核苷酸和 3′－核苷酸。

碱水解一般采用 0.3 mol/L 的 KOH，在 37℃下保温 18～20 h，以使水解完全（也可以用 1 mol/L KOH，在 80℃下水解 60 min 或用 0.1 mol/L KOH，在 100℃下水解 20 min）。水解完成后，用 2 mol/L $HClO_4$中和，并逐滴调节至 pH 值＝2左右，生成 $KClO_4$沉淀，并离心去除。此时的上清液即各单核苷酸的混合液。然后根据所选离子交换剂的类型，将上清液调至适当的 pH 值，作样品液备用。一般用阳离子交换剂时，pH 值调至 1.5 左右；用阴离子交换剂时，pH 值调至 8 ~ 9（逐滴）。此处用 KOH 是为了便于除去钾离子以降低样品溶液中的离子强度。

2. 单核苷酸的离子交换柱层析分离

离子交换层析是根据各种物质带电状态（或极性）的差别来进行分离的。电荷不同的物质对离子交换剂有不同的亲和力，因此要成功地分离某种混合物，必须根据其所含物质的解离性质、带电状态选择适当类型的离子交换剂，并控制吸附和洗脱条件（主要是洗脱液的离子强度和 pH 值），使混合物中各组分按亲和力大小顺序依次从层析柱中洗脱下来。

在离子交换层析中，分配系数或平衡常数（K_d）是一个重要的参数：

$$K_d = C_s / C_m$$

式中，C_s——某物质在固定相（交换剂）上的摩尔浓度；

C_m——该物质在流动相中的摩尔浓度。

可以看出，与交换剂的亲和力越大，C_s 越大，K_d 值也越大。各种物质 K_d 值差异的大小决定了分离的效果。差异越大，分离效果越好。影响 K_d 值的因素很多，如被分离物带电荷多少、空间结构因素、离子交换剂的非极性亲和力大小、温度高低等。试验中必须反复摸索条件，才能得到最佳分离效果。

核苷酸分子中各基团的解离常数（pK）和等电点 pI 值见表 3 - 4。

表 3 - 4　四种核苷酸的解离常数（pK）和等电点 pI 值

核苷酸	第一磷酸基 pK_1	第二磷酸基 pK_2	含氮环的亚氨基 $(-NH^+=)$ pK_3	等电点 pI 值[①]
尿苷酸（UMP）	1.0	6.4	—	—
鸟苷酸（GMP）	0.7	6.1	2.4	1.55
腺苷酸（AMP）	0.9	6.2	3.7	2.35
胞苷酸（CMP）	0.8	6.3	4.5	2.65

注：① $pI = (pK_1 + pK_3)/2$。

由表 3 - 4 可见，含氮环亚氨基的解离常数（pK）值相差较大，它在离子交换分离四种核苷酸中起决定性作用。

用离子交换树脂分离核苷酸，可通过调节样品溶液的 pH 值使它们的可解离基团解离，带上正电荷或负电荷。同时减少样品溶液中除核苷酸外的其他离子的强度。这样，当样品液加入到层析柱时，核苷酸就可以与离子交换树脂相结合。洗脱时，通过改变 pH 值或增加洗脱液中竞争性离子的强度，使被吸附的核苷酸的相应电荷降低，同时与树脂的亲和力降低，结果使核苷酸得到分离。

混合核苷酸可以用阳离子或阴离子交换树脂进行分离。采用阳离子交换时，控制样品液的pH值为1.5，此时UMP带负电，而AMP、CMP、GMP带正电，可被阳离子树脂吸附。然后通过逐渐升高pH值，将各核苷酸洗脱下来，相关顺序是：UMP→GMP→CMP→AMP。AMP与CMP洗脱位置的互换是因为聚苯乙烯树脂母体对嘌呤碱基的非极性吸附力大于对嘧啶碱基的吸附力。

本试验采用聚苯乙烯－二乙烯苯－三甲胺季铵碱型粉末阴离子树脂（201×8）分离四种核苷酸。首先使RNA碱水解液中的其他离子强度降至0.02以下，然后调pH值至6以上，使样品核苷酸都带上负电荷，它们都能与阴离子交换树脂结合。结合能力的强弱与核苷酸的pI值有关，pI值越大，与阴离子交换树脂的结合力越弱，洗脱时越易交换下来。由表3－4可见，当用含竞争性离子的洗脱液进行洗脱时，洗脱下来的次序应该是CMP→AMP→GMP→UMP。由于本试验所用树脂的不溶性基质是非极性的，它与嘌呤碱基的非极性亲和力大于与嘧啶碱基的非极性亲和力，所以实际洗脱下来的次序为：CMP→AMP→UMP→GMP。对于同一种核苷酸的不同异构体而言，它们之间的差别仅在于磷酸基位于核糖的不同位置上，2′－磷酸基较3′－磷酸基距离碱基更近，因而它的负电性对碱基正电荷的电中和影响较大，其pK值也较大。例如2′－胞苷酸的$pK_1=4.4$，3′－胞苷酸的$pK_1=4.3$，因此2′－核苷酸更容易被洗脱下来。

3. 核苷酸的鉴定

由于核苷酸中都含有嘌呤与嘧啶碱基，这些碱基都具有共轭双键（－C＝C－C＝C－），它能够强烈地吸收250～280 nm波段的紫外光，而且有特殊的紫外吸收比值。因此，通过测定各洗脱峰溶液在220～300 nm波长的紫外吸收值，做出紫外吸收光谱图，与标准吸收光谱进行比较，并根据其吸光度比值（250 nm/260 nm，280 nm/260 nm，290 nm/260 nm）以及最大吸收峰与标准值比较后，即可判断各组分为何种核苷酸。

根据各组成在其最大吸收波长（λ_{max}）处总的吸光度（总A_{max}）以及相应的摩尔消光系数（E_{260}），则可以计算出RNA中四种核苷酸的物质的量（μmol）和碱基物质的量（mol）的百分组成。

溶液的pH值对核苷酸的紫外吸收光度值影响较大，故测定时需要将溶液调至一定的pH值。

三、试剂与器材

1. 试剂

1）酵母RNA。

2）强碱型阴离子交换树脂201×8，其为聚苯乙烯－二乙烯苯－三甲胺季铵碱型，全交换量大于3 mmol/g干树脂，75～150 μm粉末型。

3）1 mol/L甲酸：用21.4 mL、浓度为88%的甲酸溶液，并加蒸馏水定容至500 mL。

4）1 mol/L甲酸钠：34.15 g纯甲酸钠（注意结晶水问题）用蒸馏水溶解，并定容至500 mL。

5）0.3 mol/L KOH：1.68 g KOH用蒸馏水溶解，并定容至100 mL。

6）2 mol/L过氯酸$HClO_4$：17 mL过氯酸（浓度为70%～72%），并定容至100 mL。

7）2 mol/L NaOH（50 mL），0.5 mol/L NaOH（100 mL）。

8）1 mol/L HCl（100 mL）。

9）1%浓度的$AgNO_3$溶液。

2. 器材

1）层析柱。

2）梯度洗脱器，电磁搅拌器。

3）恒流泵。

4）自动部分收集器。

5）酸度计。

6）紫外分光光度计。

7）旋涡混合器。

8）核酸蛋白检测仪。

9）台式离心机。

四、操作步骤

1. RNA的碱水解

称取20 mg酵母RNA，置于刻度离心试管中，加2 mL新配制的0.3 mol/L KOH，用细玻璃棒搅拌溶解，并在37℃的水中保温并水解20 h。然后用2 mol/L $HClO_4$（过氯酸）调水解液的pH值至2以下（要少量多次，只需几滴即可）。由于核苷酸在过酸的条件下易脱嘌呤，因此滴加$HClO_4$时需用旋涡混合器迅速搅拌，防止局部过酸，再以4 000 r/min的转速离心处理15 min，并置冰水中10 min，以沉淀完全。将所得清液倒入另一刻度离心试管中，用2 mol/L NaOH逐滴将清液的pH值调至8～9，作上样样品液备用。样品液上柱前，取0.1 mL溶液稀释500倍，测定其在260 nm波长紫外光处的光吸收值，最后用以计算离子交换柱层析的回收率。

2. 离子交换树脂的预处理

取201×8粉末型强碱型阴离子交换树脂8 g（湿），先用蒸馏水浸泡2 h，浮选除去细小颗粒，同时用减压法除去树脂中存留的气泡，然后用四倍树脂量的0.5 mol/L NaOH 溶液浸泡1 h，除去树脂中的碱溶性杂质。用去离子水洗至近中性后，再用四倍树脂量的1 mol/L HCl 浸泡0.5 h，以除去树脂中酸溶性杂质。接着用蒸馏水洗至中性（可以上柱洗），此时阴离子交换树脂为氯型。

3. 离子交换层析柱的装柱方法

离子交换层析柱可使用内径约1 cm、长10 cm 的层析柱，柱下端有烧结上的垂熔滤板，柱上端有橡皮塞，塞子中间打一小孔，并紧紧插入一根细聚乙烯管，层析柱夹在铁架台上，调成垂直，柱下端细胶管用螺旋夹夹紧，向柱内加入蒸馏水至2/3 柱高，再用滴管将经过预处理的离子交换树脂加入柱内，使树脂自由沉降至柱底，然后放松螺旋夹，使蒸馏水缓慢流出，再继续加入树脂，使树脂最后沉降的高度为6 ~7 cm。注意在装柱和以后使用层析柱的过程中，切勿干柱，树脂不能分层，树脂面以上要保持一定高度的液面（不能太高，约1 cm），以防气泡进入树脂内部，影响分离效果。

4. 树脂的转型处理

树脂的转型处理就是使树脂带上洗脱时所需离子的过程。本试验需要将阴离子交换树脂由氯型转变为甲酸型，先用200 mL 1 mol/L 甲酸钠洗柱，并用浓度为1%的 $AgNO_3$检查柱的流出液，直至不出现白色 AgCl 沉淀为止。然后改用约200 mL 0.2 mol/L 甲酸继续洗柱，测定流出液的 $A_{260} \leqslant 0.020$ 为止。最后用蒸馏水洗柱，直至流出液的 pH 值接近中性（或与蒸馏水的 pH 值相同）。

5. 加入样品并淋洗除去不被树脂吸附的组分

加样就是将 RNA 碱水解产物转移到离子交换层析柱内，使其被离子交换树脂吸附。先将柱内液体用滴管轻轻吸去，使液面下降到刚接近树脂表面。旋紧下端螺旋夹，用滴管准确移取1.0 mL RNA 碱水解样品液，沿柱壁小心加到树脂表面，然后松开下端螺旋夹，使样品液面下降至树脂表面，接着用滴管加入少量蒸馏水，当水面降至树脂表面时，再用约200 mL 的蒸馏水洗柱，将不被阴离子交换树脂吸附的嘌呤、嘧啶碱基、核苷酸等杂质洗下来。检查流出液在260 nm 波长紫外光处的吸光度，直至低于0.020 为止。关恒流泵，旋紧柱下端螺旋夹。

6. 梯度洗脱

在梯度洗脱器的混合瓶内加入300 mL 蒸馏水，储液瓶中加入300 mL 0.20 mol/L 的甲酸 -0.20 mol/L 甲酸钠混合液（注意：梯度洗脱器底部的连通管要事先充满蒸馏水，赶尽气泡）。洗脱器出口与恒流泵入口用细塑料管相连，打开两瓶之间的连通阀和出口阀，打开电磁搅拌器，松开柱下端螺旋夹，开启恒流泵，控制流速为每管每十分钟 5 mL，开启部分收集器，分管收集流出液。以蒸馏水为对照，测定各管在 260 nm 波长紫外光下的 A_{260}值，给各管编号，并标出最高峰的收集管。

7. 核苷酸的鉴定

分别测定最高峰管内液体在 230 ~ 300 nm 紫外光下，每相差 5 nm 波长的光吸收值，其中包括 250 nm、260 nm、280 nm、290 nm 各点（注意：液体均要保留，切勿倒掉，测量时用石英杯）。由于在小于 250 nm 波长处时，甲酸（HCOOH）具有很强的光吸收值，因此测定时所用参比对照液近似为：

1）第一个峰用 0. 05 mol/L 甲酸 – 0. 05 mol/L 甲酸钠；

2）第二个峰用 0. 10 mol/L 甲酸 – 0. 10 mol/L 甲酸钠；

3）第三个峰用 0. 15 mol/L 甲酸 – 0. 15 mol/L 甲酸钠；

4）第四、第五两峰用 0. 20 mol/L 甲酸 – 0. 20 mol/L 甲酸钠。

也可以根据最高峰所在位置，计算甲酸 – 甲酸钠的浓度选择参比液。

8. 测定各种核苷酸的含量和总回收率

分别合并（包括最高峰管在内）各组分洗脱峰管内的洗脱液，用量筒测出溶液总体积，然后测定其 A_{260}值，参比对照液同上。根据层析柱上样液的 A_{260}值以及层析后所得到的各组分 A_{260}值之和，可以计算出离子交换柱层析的回收率。

（注：RNA 的摩尔消光系数 E_{260}为 7.7×10^3 ~ 7.8×10^3，水解后增值 40%）

9. 树脂的再生

使用过的离子交换树脂经过再生处理后，可重复使用。其可以在柱内处理，也可以将树脂取出后处理。取出树脂的方法是用橡皮球由层析柱的下端向柱内吹气，并用烧杯收集流出的树脂。树脂再生的方法与未使用的新树脂预处理方法相同，也可以直接用 1 mol/L NaCl 溶液浸泡或洗涤，最后用蒸馏水洗至流出液的 pH 值接近中性为止。

五、结果处理

1）作出阴离子交换树脂柱层析分离核苷酸的洗脱曲线，以层析流出液管数（或体积）为横坐标，以相应的 A_{260}值为纵坐标，作出洗脱曲线图。

2）作出各单核苷酸的紫外吸收光谱图，根据各组分溶液在 230 ~ 300 nm 波长下的吸光度值，以波长（nm）为横坐标，吸光度值为纵坐标，作出它们的吸收光谱图。由图上求出每个单核苷酸组分的最大吸收峰的波长值 λ_{max}，同时计算出各个组分在不同波长下的吸光度值比值（250 nm/260 nm，280 nm/260 nm，290 nm/260 nm），将它们与各核苷酸的标准值比较，从而鉴定出各组分为何种核苷酸。

3）根据各组分溶液的合并体积（V，单位为 mL），平均吸光度值（A_{260}），再查出该核苷酸的摩尔消光系数（E_{260}），从而可以计算出每个核苷酸的物质的量（m，单位为 μmol）。

因为：

$$m = C \cdot V$$

其中，浓度 $C = \frac{A_{260}}{E_{260} \times L}$，$L$（比色杯光程）= 1 cm。

则：

$$m = \frac{A_{260}}{E_{260}} \times V \times 10^3 \ (\mu\text{mol})$$

由此，可以计算出各核苷酸相对物质的量的百分含量以及嘌呤与嘧啶相对物质的量的比值，然后讨论 RNA 中嘌呤与嘧啶物质的量的比值关系。

4）根据层析上样液的 A_{260} 值，以及层析后所得到的各组分 A_{260} 值之和，计算出离子交换柱层析的回收率。

第四章

补给水处理设备及系统

第一节　工艺系统设计及设备参数

一、基本知识认知

1. 水源

化学补水的水源为地下水，取自距电厂约 10 km 之外的水源地，地下水富含 CO_2 而呈酸性，且 SiO_2 含量高，悬浮物含量很低。在水源地对源水进行曝气处理，并加 NaOH 调节 pH 值至 7.0 左右后供给全厂各用水系统。

2. 锅炉补给水处理系统流程

锅炉补给水的处理采用直流混凝过滤、一级除盐加混床工艺系统，其包括配套的再生系统。系统按母管制运行，运行流程为：地下水⇒清水箱⇒管道混合器（加混凝剂、助凝剂）⇒罐式压力混合器⇒浮床过滤器⇒逆流再生阳离子交换器⇒中间水箱⇒逆流再生阴离子交换器⇒混合离子交换器⇒除盐水箱（浮顶式）⇒主厂房凝结水补水箱。当 2 台 300 MW 机组正常运行时，水处理设备出力为 80 m^3/h（含自用水量 10%），当机组启动及发生事故时，其出力可达 160 m^3/h。

3. 水处理系统的连接和操作方式

水处理系统采用 2 台预处理浮床过滤器，并用并联连接方式，正常工况下一台运行，一台备用，当机组启动或发生事故时 2 台设备同时运行；一级除盐设备各 2 台，由于阴、阳床运行周期相差太大不好匹配，因此采用并联方式连接，正常工况下一台设备运行，一台设备备用，当机组启动或发生事故时 2 台设备同时运行；混床设备共 2 台，采用并联方式连接，正常工况下一台设备运行，一台设备备用，当机组启动或发生事故时 2 台设备同时运行。水处理系统采用 PLC 程序控制，同时也能实现键盘远操和就地电磁阀手操。

4. 水处理系统在线化学仪表设置情况

每台高效过滤器出口设浊度仪一台；每台阳床出口设钠表一台；每台阴

床出口设导电度表一台；每台混床出口设导电度表一台，硅表一台；

5. 酸、碱再生及排废系统

再生用的酸、碱通过汽车运输，分别卸至酸、碱库高位酸、碱储罐中，并靠静压流入计量箱，经喷射器稀释后送入床体进行树脂的再生。再生后的废液直接排至工业废水处理站 A1、A2 号废水储存池集中处理。

6. 系统用的压缩空气

水处理系统阀门、仪表及混床用气为无油干燥的压缩空气，其来自主厂房空压机站，水处理系统中设 2 个压缩空气储存罐。

二、水处理设备运行指标要求

1）预处理系统（直流混凝、浮床过滤系统）的出水要求不低于以下指标值：

SS：<2 mg/L；

耗氧量：<2（mg/L）（采用 $KMnO_4$ 法测量）；

除胶硅：≥60%。

2）锅炉补给水处理一级除盐设备的出水品质不低于下述指标值：

二氧化硅：<0.1 mg/L；

电导率：<5 μS/cm（25℃）。

3）混床设备的出水品质满足机组对补给水质量的要求，且不低于下述指标值：

硬度：≈0 μmol/L；

SiO_2 含量：≤20 μg/L；

电导率：≤0.2 μS/cm（25℃）。

4）水处理设备的正常运行流速满足下列要求：

浮床过滤器：20～40 m/h；

逆流再生阳、阴离子交换器：20～25 m/h；

混合离子交换器：40～60 m/h。

三、水处理设备制造要求

1）进水混凝部分包括两台管道式压力混合器和一台罐式压力混合器。混凝剂和助凝剂分别加在串联在罐式压力混合器前的 2 台管道式压力混合器中，所有混合器的结构和流程都能使药剂混合良好并凝聚充分，同时满足下一级处理的要求。罐式压力混合器最底部设有效排净且不易堵塞的排污口。

2）浮床过滤器随设备配瓷砂滤料，粒径为 0.46～1.1 mm，上层配适量厚度的树脂白球垫层。滤料的物理、化学性能要稳定，能适应不同的混凝剂和助凝剂而不影响其物理化学性能，并能完全承受浮床过滤器的流速而不被压破碎，水阻力损失少，且出水水质满足出水要求。

3）逆流再生阴、阳离子交换器的排水装置采用石英砂垫层的结构；混合离子交换器采用多孔板＋水帽的结构，且水帽多孔板禁止采用大法兰式。同时所有离子交换器的取样阀、取样管、空气管均采用不锈钢（1Cr18Ni9Ti）材质，所配的压力表均有隔离装置，以防腐蚀。

4）各设一个阴、阳树脂装卸罐，树脂装卸罐的内部结构设计可分别对树脂进行酸、碱浸泡处理和输送，同时每次使用时均能将树脂装卸干净。

5）在各交换器（包括树脂装卸罐）的上人孔内加人孔塞，使内部与筒体内壁平齐。且所有人孔盖采用翻转式，并在各离子交换器（包括树脂装卸罐）的上人孔下部设检修操作平台，且该平台为装配式。

6）各交换器的上窥视孔，混床阴、阳树脂界面处的窥视孔均为对向窥视孔，以便能较清楚地观察填料的界面状况，交换器的其他单向窥视孔仍保留。

7）过滤器、离子交换器等设备进出口各设一个取样点（配不锈钢取样管、取样隔离阀、取样阀、取样水槽，并要固定可靠），以及带隔离阀的耐酸、碱膜片式压力表。

8）酸、碱储槽及计量箱均配有上海远望磁性浮子翻柱式液位计（带远传信号装置），并且在液位计的上、下接口配衬胶隔膜阀，液位计电源采用 24 V 直流电源，两线制，输出 4～20 mA 标准信号。

9）树脂捕捉器为 Q235－A，钢衬胶配一层，厚度为 3 mm，滤芯采用不锈钢（1Cr18Ni9Ti）梯形绕丝管，孔径 $<100\ \mu m$，捕捉器设不小于 DN500 的排脂口。

10）所有有衬胶的设备均衬 2 层（特别说明的除外）衬胶，其厚度分别为3 mm、2 mm，管道衬一层，厚度为 3 mm。

11）所有设备结构、内衬材料、阀门和管材满足生产运行时所可能接触介质的防腐要求。

12）橡胶衬里工艺符合有关标准，且能承受 >3 kV/mm 的电火花检验。

13）酸、碱储罐的工作介质分别为浓度为30%的 HCl、NaOH 溶液，酸储槽需衬胶，碱储槽不需衬胶，而内涂环氧树脂 2 道则可。同时需保证其在室外露天环境中，能长期安全工作。

14）酸雾吸收器的上部配水装置要具备雾化功能，以便更好地吸收酸雾，且在室外露天布置时，能长期安全工作。

15）酸、碱计量箱出酸、碱口的公称通径按衬胶后的尺寸计算，但法兰尺寸仍按相应公称通径的标准计算。

四、水处理设备的控制说明

1）浮床过滤器运行周期按设定时间或累计流量控制，并设出水水质超标报警。

2）阳离子交换器运行周期以出水［Na^+］>100 μg/L 的时间点作为失效点。

3）阴离子交换器运行周期以出水 SiO_2 含量 >0.1 mg/L 或电导率 >5 μS/cm（25℃）的时间点作为失效点。

4）混合离子交换器运行周期以出水 SiO_2 含量 >20 μg/L 或电导率 >0.2 μS/cm（25℃）作为失效点。

上述各水处理设备在控制要求设表计的地方预留仪表接口及隔离门，接口及隔离门材质满足流动液体腐蚀性的要求，特别是衬胶设备或管道处，以便控制表计的安装。

五、设备主要参数

1）罐式压力混合器、浮床过滤器主要技术数据见表 4-1。

表 4-1　罐式压力混合器、浮床过滤器主要技术数据

项　目	参考标准或数据	
	罐式压力混合器	浮床过滤器
设备直径（外径）/mm	2 220	2 020
（设备本体）壁厚/mm	10	10
筒高/mm	4 000	6 288
全高（含支腿）/mm	4 700	6 288
设备本体材质	Q235 - A	Q235 - A
内部主要装置材质	Q235 - A	Q235 - A
内部防腐材料	聚氨酯塑料漆	聚氨酯塑料漆
防腐层厚度/mm	1	1
窥视孔数目/个	2	5×2
窥视孔尺寸/mm	260×32	260×32，DN50
人孔数目/个	3	2
人孔尺寸	DN500	DN500
工作压力/MPa	≤0.6	≤0.6
设计压力/MPa	0.6	0.6

续表

项　目	参考标准或数据	
	罐式压力混合器	浮床过滤器
试验压力/MPa	0.75	0.75
工作温度/℃	≤50	≤50
滤层高度/mm	—	1 900
运行流速/（$m \cdot h^{-1}$）	—	20－40
流程水头损失/MPa	0.02	0.25
滤前浊度/（$mg \cdot L^{-1}$）	—	—
滤后浊度/（$mg \cdot L^{-1}$）	—	≤2
设备净重/t	5.0	6.2
运行荷重/t	20	24

2）离子交换，酸、碱再生储存设备等主要技术数据见表4－2。

表4－2　离子交换，酸、碱再生储存设备等主要技术数据

项目	参考标准或数据				
离子交换设备	无顶压逆流阳离子交换器	无顶压逆流阴离子交换器	混合离子交换器	树脂装卸罐	
				阳树脂	阴树脂
设备直径（外径）/mm	2 220	2 220	1 616	2 220	2 220
设备本体壁厚/mm	10	10	8	10	10
筒高（直边）/mm	4 110	5 710	3 670	4 080	5 080
全高（含支腿）/mm	6 190	7 790	5 486	7 216	8 216
设备本体材质	Q235－A	Q235－A	Q235－A	Q235－A	Q235－A
中排管材质	316 L	316 L	316 L	—	—
内部防腐材料	衬胶	衬胶	衬胶	衬胶	衬胶
防腐层厚度/mm	5	5	5	5	5
窥视孔数目/个	4	4	6	4	4
窥视孔尺寸/mm	260×30	260×30	260×30	260×30	260×30
人孔数目/个	2	2	2	1	1
人孔尺寸	DN500	DN500	DN500	DN500	DN500
工作压力/MPa	0.6	0.6	0.6	0.6	0.6
设计压力/MPa	≤0.6	≤0.6	≤0.6	≤0.6	≤0.6
试验压力/MPa	0.75	0.75	0.75	0.75	0.75

续表

项目		参考标准或数据				
离子交换设备		无顶压逆流阳离子交换器	无顶压逆流阴离子交换器	混合离子交换器	树脂装卸罐	
					阳树脂	阴树脂
工作温度/℃		≤50	≤50	≤50	≤50	≤50
运行流速/（m·h^{-1}）		20～30	20～30	40～60	—	—
反洗流速/（m·h^{-1}）		10～15	5～10	10	10～15	10～15
反洗膨胀率/%		70	100	100	100	100
树脂层总高/mm	交换层高	2 000	2 500	$h_{阴}$ =1 000	$h_{总高}$ =2 200	$h_{总高}$ =2 700
	压脂层高	200	200	$h_{阳}$ =500		
再生液浓度		1.5%～3%	1%～3%	5% HCl、4% NaOH	—	—
再生流速/（m·h^{-1}）		≤5	≤5	≤5		
设备净重/t		6.0	6.5	3.5	5.5	6.0
运行荷重/t		36.0	36.5	11.5	25.0	25.5
计量箱		阳床酸计量箱	阴床碱计量箱	混床酸计量箱	混床碱计量箱	
外形尺寸（$\phi \times h$）/mm		ϕ810×1 544	ϕ810×1 544	ϕ1 010×1 882	ϕ1 010×1 882	
设备本体壁厚/mm		5	5	5	5	
总容积/m^3		1.4	1.4	0.75	0.75	
有效容积/m^3		1.25	1.25	0.63	0.63	
设备本体材质		Q235－AF	Q235－AF	Q235－AF	Q235－AF	
内部防腐材料		衬胶	衬胶	衬胶	衬胶	
防腐层厚度/mm		5	5	5	5	
工作压力/MPa		常压	常压	常压	常压	
设计压力/MPa		常压	常压	常压	常压	
试验压力/MPa		盛水试验	盛水试验	盛水试验	盛水试验	
适用介质		30%浓度的酸液	30%浓度的碱液	30%浓度的酸液	30%浓度的碱液	
工作温度/℃		≤50	≤50	≤50	≤50	
设备净重/t		0.7	0.7	0.5	0.5	
运行荷重/t		2.1	2.1	1.2	1.2	
储　罐		酸储罐	碱储罐	10 m^3空气储罐		
外形尺寸（$\phi \times h$）/mm		ϕ2 520×6 000	ϕ2 520×6 000	ϕ1 824×6 000		

续表

项目	参考标准或数据				
离子交换设备	无顶压逆流阳离子交换器	无顶压逆流阴离子交换器	混合离子交换器	树脂装卸罐	
				阳树脂	阴树脂
设备本体壁厚/mm	10	10	12		
总容积/m^3	23.5	23.5	10		
有效容积/m^3	20	20	10		
设备本体材质	Q235 - A	Q235 - A	Q235 - A		
内部防腐材料	衬胶	环氧树脂漆	防锈漆		
防腐层厚度/mm	5	2 度	2 度		
工作压力/MPa	常压	常压	1.0		
设计压力/MPa	常压	常压	1.0		
试验压力/MPa	盛水试验	盛水试验	1.25		
适用介质	31%浓度的酸液	碱液	空气		
工作温度/℃	≤50	≤50	≤50		
设备净重/t	5.5	5.5	2.5		
运行荷重/t	26.5	26.5	3.2		
喷射器	阳床酸喷射器	阴床碱喷射器	混床酸喷射器	混床碱喷射器	
工作压力/MPa	>0.31	>0.31	>0.31	>0.31	
设计压力/MPa	0.6	0.6	0.6	0.6	
试验压力/MPa	0.75	0.75	0.75	0.75	
适用介质	酸液	碱液	酸液	碱液	
工作温度/℃	≤50	≤50	≤50	≤50	
进口工作水压/MPa	>0.31	>0.31	>0.31	>0.31	
出口背压/MPa	0.15	0.15	0.15	0.15	
入口酸（碱）浓度	30% HCl	30% NaOH	30% HCl	30% NaOH	
出口酸（碱）浓度/%	5	5	5	5	
出口混合液流量/（$t \cdot h^{-1}$）	15～26.5	15～26.5	7.1～11.3	7.1～11.3	
设备本体	碳钢	1Cr18Ni9Ti	碳钢	1Cr18Ni9Ti	
内部防腐材料	聚四氟乙烯	—	聚四氟乙烯	—	
防腐层厚度/mm	—	—	—	—	

第二节 浮床过滤器

一、浮床的工作机理及特点

浮床过滤器的壳体为上大下小的变径结构，这种变径结构为在设备的上部形成固定滤床提供了条件，同时也为滤料在体内冲洗提供了足够的膨胀空间。

浮床过滤器利用高流速水流将滤料托起，在设备的上部形成固定的滤床。利用分步成床的方式，使滤床中的滤料粒径按上小下大排列。运行时进水从大粒径侧进入，实现了完全的深层过滤，即水中的悬浮固体分级被滤层截留，这种结构使整个滤层都具有截污能力，因此它的整体截污能力大大提高，一般为 12 kg/m^3（滤料）左右，运行流速可达 40 m/h。

浮床过滤器由于被截留的污物分散在整个滤层内，没有大量的污物集结，也不会产生污物膜，并且不会产生滤料与污物黏结成块的现象，因此便于冲洗。

其应用范围如下：

浮床过滤器可用于各工业部门的各种去除水中悬浮固体的过滤，并且特别适用于大型循环冷却水系统的旁流过滤和以地表水为水源的大型工业部门用水、城市供水系统的悬浮固体去除处理，一般可省去前置澄清装置。

浮床过滤器的主要技术数据见表 4－3。

表 4－3 浮床过滤器的主要技术数据

设备直径/mm		ϕ2 400	ϕ2 200	ϕ2 000	ϕ1 800	ϕ1 600
操作压力/MPa		≤0.6	≤0.6	≤0.6	≤0.6	≤0.6
上部垫层（白球）①/m^3		0.28	0.23	019	0.15	0.12
滤料（瓷砂）	粒径/mm	0.46～1.1	0.46～1.1	0.46～1.1	0.46～1.1	0.46～1.1
	用量/m^3	8.0	6.6	5.2	4.2	3.3
设备出力范围②/（$t\cdot h^{-1}$）		50～180	40～150	35～125	30～100	25～80
进水浊度/FTU		≤40	≤40	≤40	≤40	≤40
出水浊度/FTU		<1.0	<1.0	<1.0	<1.0	<1.0
进出口阻力损失/MPa		0.25	0.25	0.25	0.25	0.25

注：① 滤料和白球必须由公司根据用户的使用特点配供，否则不能保证设备的运行特性；
② 设备出力范围中的下限为最低出力，上限为正常出力。

二、系统设计

成床泵的设置：成床泵是否设置备用，请设计单位根据具体情况决定。

由于浮床过滤器的运行周期较长，投运初期不能低流量运行，若有后置设备，且流量变化范围超出样本现定的范围时，应在浮床过滤器与后置设备之间设缓冲水箱。

回收水箱设置与否，需根据具体情况决定。亦可将成床时的排水，回收到前置水箱中，因为成床时的排水优于运行进水。

浮床过滤器系统如图 4－1 所示。

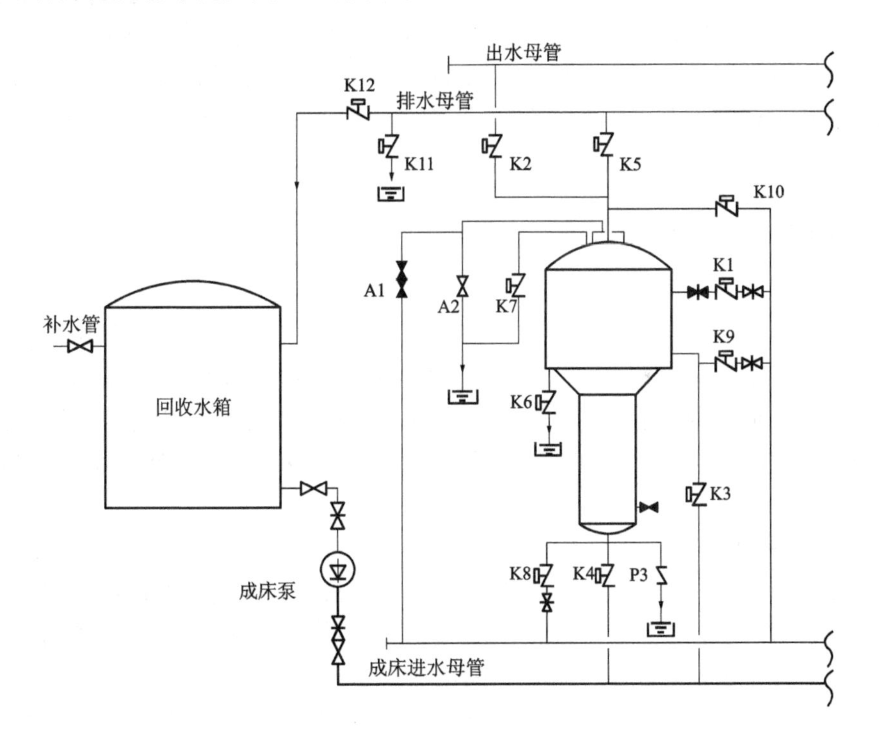

图例符号			
符号	名称	符号	名称
	排至地沟		手动隔膜阀
	闸阀		截止阀
	手动蝶阀		止回阀
	气动蝶阀		

图 4－1　浮床过滤器系统设备

三、安装要点

设备就位时可先将上部筒体吊装在基础上，利用设备本体上的垂直定位标志调整其垂直度，然后点焊固定。下部筒体法兰与上部筒体连接时，应利用法兰上的定位销和下筒体上的定位标，确保上、下筒体的垂直度。

由于运行出水和反洗排水共用一只出口管，在管路设计时，出水管应在排水管的上侧引出，出水管上的阀门尽量靠近排水管，防止淤积污物影响出水水质。

设备管路安装完毕后，在装滤料之前应将管路冲洗干净。在冲洗管路之前应将中部出水装置上的单头不锈钢水帽取下来，冲洗完成后再装上，防止冲洗时，管中的杂物卡在水帽内，影响运行。冲洗完成后，需进行管路阀门和设备内的四只球阀开关灵活性和严密性的调整，要确保各阀门开关灵活，且关闭要严密。

四、调试前的准备

1. 冲洗滤料

先开启设备内四只球阀的顶压水阀（A1，DN25），并确认四只球阀是严密的（可从窥视孔观察）。接着利用中部漂洗阀（K9），冲洗上层滤料，调整其手动阀，使滤层膨胀高为 200 mm 左右。当出水变清后，开启底部漂洗阀（K9），调整其手动阀，使滤层的总膨胀高为 350 mm 左右。待出水变清后，则冲洗完成。

2. 冲洗白球

滤料冲洗干净后，白球层中可能积存一些污物，需要冲洗白球。冲洗白球的操作方法为：开启排气阀（K7），再开启中部排水阀（K6），当器内水位降到滤料层上表面时，停止排水，关闭中部排水阀（K6），然后开启反冲洗水阀（K10），从上部进水，当器内充满水时，关闭反冲洗阀（K10），冲洗完成。

五、运行调试

按操作程序，进行成床运行。成床后，床层的位置应调整在下部小直径筒体与中部变径之间的焊缝下端的 100 mm 左右处。成床运行后，监督其出水水质，当出水浊度超出后置设备的要求时，即失效，停止运行。

对运行周期的控制，若运行流量变化不大时，可选用运行时间控制周期，出水浊度超标则报警。若运行流量变化较大时，可选用累计流量或出水浊度控制周期。用户可根据不同情况自行选定。

“停运反洗”各步的时间可根据不同的情况适当调整，来水水质不同对上述各步的时间是有影响的。

运行中可能出现的问题及处理方法如下：

1）成床困难或成床厚度不足。

2）运行阻力偏大。

3）运行跑砂。

第三节 阴、阳离子交换器

一、基本知识

阴、阳离子交换器是目前离子交换器中较先进而实用的产品，其将原来固定床的顺流再生工艺改为逆流再生，并按无顶压再生进行设计，不但节约了酸（碱）耗，而且省略了气顶的气源。

将阴、阳离子交换器串联成一级复合床使用，则出水水质可达到 SiO_2 含量 <0.1 mg/L，电导率 $\leqslant 10$ μS/cm，此类水可广泛用于工业钢炉、电子、医药、造纸、化工和石油等领域。

二、工作原理

1. 阳离子交换器

当原水进入装 H 型的阳离子交换树脂的阳离子交换器中，其使水中含有的各种阳离子和离子交换树脂上的 H^+ 发生如下反应：

$$Fe^{3+} + 3HR \rightarrow FeR + 3H^+$$

$$Ca^{2+} + 2HR \rightarrow CaR + 2H^+$$

$$Mg^{2+} + 2HR \rightarrow MgR + 2H^+$$

$$Na^+ + HR \rightarrow NaR + H^+$$

上述反应的结果是水中的各种阳离子（Fe^{3+}、Ca^{2+}、Mg^{2+}、Na^+ 等）被吸附在离子交换树脂上，而离子交换树脂上的 H^+ 则被置换到了水中，此时水中的阳离子几乎只含有 H^+，它和水中各种阴离子发生反应生成各种酸。

2. 阴离子交换器

经阳离子交换器处理后的带有酸性的水进入装有 OH^- 型阴离子交换树脂的阴离子交换器中，则会发生如下反应：

$$H_2SO_4 + 2ROH \rightarrow R_2SO_4 + 2H_2O$$

$$H_2CO_3 + 2ROH \rightarrow R_2SO_3 + 2H_2O$$
$$HCL + ROH \rightarrow RCL + H_2O$$
$$H_2SiO_3 + ROH \rightarrow RHSiO_3 + H_2O$$

由此可见，经阳、阴离子交换处理后，水中的各种离子几乎都被除去，一般可除去水中99%以上的含盐量。

三、技术数据表

阴、阳离子交换器的技术数据见表4－4。

表4－4　阴、阳离子交换器技术数据

设备名称		强酸型阳离子交换器		强碱型阴离子交换器
运行滤速/（$m \cdot h^{-1}$）		20～30		20～30
小反洗	流速/（$m \cdot h^{-1}$）	5～10		5～10
	时间/min	15		15
放　水		至树脂层之上		至树脂层之上
顶压	气顶压/MPa	0.03～0.05		0.03～0.05
	水顶压/MPa	0.05，流量的水顶压为再生流量的0.4～1倍		0.05，流量的水顶压为再生流量的0.4～1倍
再生	药剂	H_2SO_4	HCl	NaOH
	耗量/（$g \cdot mol^{-1}$）	≤70	50～55	≤60～65
	浓度/%	—	1.5～3	1～3
	流速/（$m \cdot h^{-}1$）	—	≤5	≤5
置换（逆洗）	流速/（$m \cdot h^{-1}$）	8～10	≤5	≤5
	时间/min	30		30
小正洗	流速/（$m \cdot h^{-1}$） 时间/min	10～15 5～10		7～10 5～10
正洗	流速/（$m \cdot h^{-1}$） 每m^3树脂的水耗/m^3	10～15 1～3		10～15 1～3
每m^3树脂的工作交换容量/（$mg \cdot mL^{-1}$）		500～650	800～900	250～300
出水质量/（$mg \cdot L^{-1}$）		$Na^+ < 50$		$SiO_2 < 100$

四、结构简述

1. 进水装置

在交换器上部设有进水装置使水能均匀分布。

2. 中排装置

中排装置设置在阳（阴）树脂和压脂层的分界面上，用于排泄再生时的酸（碱）废液，进小反洗水，形式为双母管式或支管母管式，其中支管为T形绕丝管。

3. 排水装置

排水装置均采用多孔板上装设水帽的方式，而多孔板采用钢衬胶。另外，在交换器下部排水帽处、树脂面处及最大反洗膨胀高度处各设视镜一个，用以观察体内工况。筒体上部设树脂输入口，在筒体下部近多孔板处设树脂卸出口。树脂的输入和卸出均可采用水力输送。

阴、阳离子交换器的结构如图4－2所示。

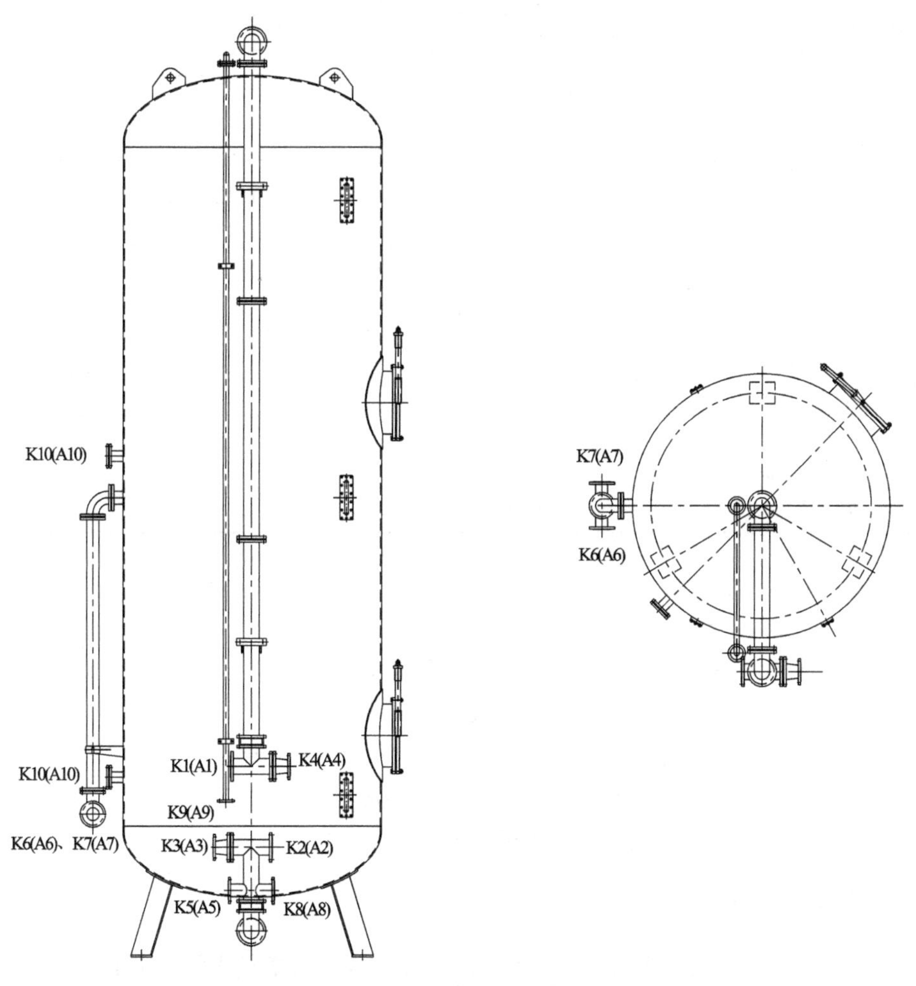

图4－2　阴、阳离子交换器结构图

五、运行及再生操作

阴、阳离子交换器运行及再生操作的程序控制见表4－5。

表4－5 阴、阳离子交换器运行及再生操作的程序控制

阀门名称 / 状态步骤	进水门K1（A1）	出水门K2（A2）	反洗进水门K3（A3）	反洗排水门K4（A4）	正洗排水门K5（A5）	小反洗进水门K6（A6）	排废液门K7（A7）	进再生液门K8（A8）	排气门K9（A9）	树脂装卸孔K10（A10）	备注
运行	V①	V	—②	—	—	—	—	—	—	—	
小反洗	—	—	—	V	—	V	—	—	—	—	
排水	—	—	—	—	—	—	V	—	V	—	
进再生液	—	—	—	—	—	—	V	V	—	—	
置换	—	—	—	—	—	—	V	V	—	—	
小正洗	V	—	—	—	—	—	V	—	—	—	
正洗	V	—	—	—	V	—	—	—	—	—	
大反洗	—	—	V	V	—	—	—	—	—	—	

注：① 阀门开启状态；
② 阀门关闭状态；
表中所列各步骤的时间，应在调试时再确认。

1. 运行操作

（1）启动前检查

1）该系统是否处于备用，各阀门是否在关闭状态。

2）生水系统运行，清水箱水位在1/2以上。

3）压力表、流量表完整无损，指针在“零”考克开启。

4）对系统内转动设备检查均符合启动条件。

5）照明充足、化验药品、仪表齐全。

（2）启动与停止操作

1）启动操作：

① 当清水泵投入运行时，开阳床进水门K1、排气门K9，当排气门出水后立即关闭此门。

② 待清水泵内压力升至额定值时，开正洗排水门 K5，冲洗设备至出水合格，关正洗排水门。

③ 鼓风机投入运转后，开阳床出水门 K2，向除 CO_2 器送水，调整流量至需要值。

④ 中间水箱水位上升至 1/2 以上时，中间水泵投入运行，开阴床进水门 A1、排气门 A9，当空气门出水后立即关闭此门。

⑤ 待中间水泵内压力升至额定值时，开阴床正洗排水门 A5，冲洗设备至出水合格。

⑥ 开阴床出水门 A2，关正洗排水门，向一级除盐水箱送水，调整流量至需要值，最大不得超过额定出力。

2）停止操作：

① 关阴床进水门 A1、出水门 A2，停止中间水泵运行。

② 关阳床进水门 K1、出水门 K2，停止清水泵运行，停鼓风机运行。

（3）运行监督及维护

① 除盐设备停运 8 小时以上，启动前必须冲洗其至出水合格，方可向水箱送水。

② 设备运行中应按照水质各指标要求加强对水质的监督，设备临近失效时应增加化验次数。

③ 在设备运行中应勤检查、勤调整，保持阴、阳床流量平衡，防止中间水箱溢流，中间泵打空和除 CO_2 风机掉闸。

④ 当一级设备临近失效时，应将再生所需量的酸、碱溶液压入计量箱。

⑤ 当除盐设备全部停用时，清水箱满后，生水系统停止运行。

2. 再生操作

再生操作前的准备工作如下：

1）将再生所需的 HCl、NaOH 溶液分别压入计量箱。

2）准备好所需的药品、仪器、记录表单等。

系统在运行中发现出水质量逐渐降低，当达到规定指标极限时即失效，失效后再生操作顺序如下进行：

1）小反洗：

① 阳床小反洗，关进水门 K1、出水门 K2，开小反洗进水门 K6、反洗排水门 K4，调整流量至 50～60 t/h，并洗至出水清澈透明，关小反洗进水门 K6、反洗排水门 K4，停止清水泵运行。

② 阴床小反洗，关进水门 A1、出水门 A2，待塔内压力降为 0 时第二次关闭出水门 A2，开小反洗进水门 A6、反洗排水门 A4，调整流量至 40～50 t/h，

待工作 10 ~ 15 min 后，关小反洗进水门 A6、反洗排水门 A4，并停止中间泵的鼓风机运行。

2）放水：

① 阳床：开空气门 K9、正洗排水门 K5，且开度≥60%。

② 阴床：开空气门 A9、正洗排水门 A5，且开度≥60%。

3）进酸、进碱：

① 阳床进酸：开酸喷射器进水门，酸喷射泵投入运行，调整流量至 15 ~ 20 t/h，调整流速至 3 ~ 4 m/h，开酸计量箱出口门、喷射口进酸门，取样测定进酸浓度，并将其稳定在 2.0% ~ 2.5%。

② 阴床进碱：开碱喷射器进水门，碱喷射泵投入运行，调整流量至 15 ~ 20 t/h，调整流速至 3 ~ 4 m/h，开碱计量箱出口门、喷射器进碱门，取样测定进碱浓度，并将其稳定在 0.8% ~ 1.2%。

4）置换：

① 阳床：进酸结束后，关喷射器进酸门、酸计量箱出口门，保持原流量、流速继续进行逆冲洗，直到中间排水取样并测定其酸度 < 5.0 mmol/L 时，关喷射器进水门、中间排水门，停止运行酸喷射器。

② 阴床：进碱结束后，关喷射器进碱门、碱计量箱出口门，保持原流量、流速进行逆冲洗，直到中间排水取样并测定其碱度 < 0.5 mmol/L、导电度 < 100 μΩ/cm 时，关喷射器进水门、中间排水门，停止运行碱喷射器。

5）正洗：

① 阳床小正洗：清水泵投入运行后，开进水门 K1，待空气门出水后即关闭空气门 K9，开中间排水门 K7，调整流量至 50 ~ 60 t/h，直到中间排水使甲基橙指示剂显橙色，此时关中间排水门 K7。

② 阳床大正洗：开正洗排水 K5，调整流量至 65 t/h，直到测定出水合格，冷鼓风机投运，开出水门 K2，关正洗排水门，向除 CO_2 器送水。

③ 阴床小正洗：当中间水箱水位升至 1/2 以上时，中间水泵投入运行，开阴床进水门 A1，待空气门 A9 出水后关闭空气门，开中间排水门 A7，调整流量至 50 ~ 60 t/h，直到测定中间排水使酚酞呈无色，即关闭中间排水门 A7。

④ 阴床大正洗：开正洗排水门 A5，冲洗阴床至出水合格，此时可开出水门 A2，关正洗排水门，并投入运行或将一级设备全部停运并将其列为备用。

6）大反洗：

一级除盐设备每运行 10 个周期需进行大反洗，此环节从正洗失效开始，具体步骤如下：

① 阴床大反洗：关进水门 A1、出水门 A2，待塔内压力降为 0 时，二次关闭出水门 A2，开反洗进水门 A3、反洗排水门 A4，并调整流量至 30 ~50 t/h，待树脂层徐徐上升至上窥视孔时，调整流量稳定树脂层，且当出水清澈透明、无杂物时，关反洗排水门 A4、反洗进水门 A3，停止运行中间水泵。

② 阳床大反洗：关进水门 K1、出水门 K2，停止运行鼓风机，开反洗进水门 K3、反洗排水门 K4，调整流量至 30 ~50 t/h，待树脂层徐徐上升至窥视孔，且当出水清澈透明时，关反洗排水门 K4、反洗进水门 K3，停止运行清水泵。

③ 大反洗操作后的再生操作同正常再生程序相同，而进酸、碱量增加一倍。

4. 监督及维护检查

1）在大、小反洗时注意监督树脂层上升速度，确保其不可过快，反洗排水门不跑树脂。

2）进行放水，进酸、碱置换步骤时，注意用三角瓶从中间排水中取样，并检查有无跑树脂现象。

3）大、小反洗结束后，在进酸、碱时应重新检查设备出口门是否正确关严，以防污染水箱。

4）碱再生系统冬季应注意保温，使其不得低于 10℃。

5）压酸、碱操作应有专人负责，以防溢流。

六、安装要点

1）设备安装前，应根据发货清单清点设备、部件数量。检查设备是否在运输中损坏，并检查设备衬胶面有无损坏、擦伤。

2）设备就位后在运行前，应检查其内部的中排装置、碱液分配装置、水帽有无松动以及是否有漏装的零部件。

第四节　混合离子交换器

一、基本知识

混合离子交换器是用于初级纯水的进一步精制。一般设置在阴、阳离子交换器之后，也可设置在电渗析或反渗透后串联使用。经其处理后的出水水质可达到 $SiO_2 \leq 0.02$ mg/L，电导率 ≤ 0.02 μS/cm，处理后的高纯水可供高压钢炉、电子、医药、造纸、化工和石油等领域使用。

二、工作原理

混合离子交换法就是把阴、阳离子交换树脂放在同一个交换器中，并将它们混合，所以该交换法可被看成是由无数阴、阳交换树脂交错排列的多级式复床。水中所含盐类的阴、阳离子通过该交换器被树脂交换，从而得到高纯度的水。

在混床中，由于阴、阳树脂是均匀的，因此其阴、阳离子交换反应几乎同时进行或者说水的阳离子和阴离子交换是多次交错进行的。经 H 型树脂交换所产生的 H^+ 和 OH^- 都不能积累起来，基本上消除了反离子的影响，交换进行得比较彻底。其反应式如下：

$$RH + R'OH + \left.\begin{matrix} Na^+ \\ Ca^{2+} \\ Mg^{2+} \end{matrix}\right\} \left\{\begin{matrix} SO_4^{2-} \\ Cl^- \\ CO_3^{2-} \\ HSiO_3^- \end{matrix}\right. \rightarrow R\left\{\begin{matrix} Na^+ \\ Ca^{2+} \\ Mg^{2+} \end{matrix}\right. + R'\left\{\begin{matrix} SO_4^{2-} \\ Cl^- \\ CO_3^{2-} \\ HSiO_3^- \end{matrix}\right. + H_2O$$

本混床采用体内再生法，再生时利用两种树脂的湿真比重不同，用反洗的方法使阴、阳离子交换树脂完全分离，阳树脂沉积在下，阴树脂浮在上面，然后将阳树脂用盐酸（或硫酸）再生，阴树脂用烧碱再生。

三、技术数据表

混合离子交换器技术数据见表 4－6。

表 4－6 混合离子交换器技术数据

设备名称		混合离子交换器	
运行流速/（$m \cdot h^{-1}$）		40～60	
反洗	流速/（$m \cdot h^{-1}$）	10	
	时间/min	15	
再生	药剂	HCl	NaOH
	耗量/（$g \cdot mol^{-1}$）	100～150	200～250
	含量/%	5	4
	流速/（$m \cdot h^{-1}$）	5	5

四、结构简述

混合离子交换器的结构如图 4－3 所示。

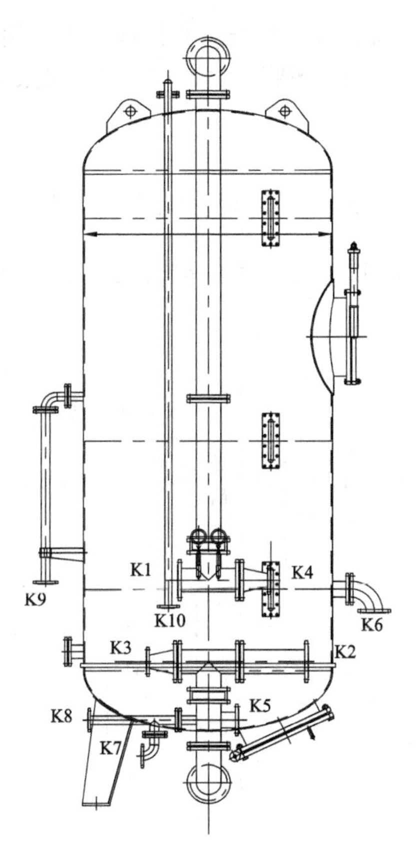

图 4－3　混合离子交换器结构简图

1. 进水装置

交换器上部设有进水装置，使水能均匀分布。

2. 再生装置

在阴离子交换树脂上方设有进液母管，进液母管采用母支管形式，支管采用加强型 T 形绕丝管。阴离子交换树脂再生用的碱液由该进液母管送入。再生阳离子交换树脂用的酸液由底部排水装置进入，再生酸、碱废液均由中排口排出。

3. 中排装置

中排装置设置在阴、阳树脂的分界面上，用于排泄再生时酸、碱废液和冲洗液，形式为双母管式或支管母管式，支管采用加强型 T 形绕丝管。

4. 排水装置

排水装置均采用多孔板上装设水帽的方式，多孔板采用钢衬胶。另外，在阴、阳树脂分界面外、树脂表面处及最大反洗膨胀高度处各设窥视镜一个，用以观察树脂表面及反洗树脂的情况。在筒体上部设树脂输入口，在筒体下部近多孔板处设树脂卸出口。树脂的输入和卸出均可采用水力输送。

五、运行及再生操作

混合离子交换器运行及再生操作程序控制见表4－7。

表4－7　混合离子交换器运行及再生操作程序控制

状态步骤 \ 阀门名称		进水门K1	出水门K2	反洗进水门K3	反洗排水门K4	正洗排水门K5	中间排水门K6	压缩空气进门K7	进酸门K8	进碱门K9	排气门K10	控制指标 参考数据
1	运行	√①	√	—②	—	—	—	—	—	—	—	流速40~60 m/h
2	反洗分层	—	—	√	√	—	—	—	—	—	—	流速10 m/h、15 min
3	沉降	—	—	—	—	√	—	—	—	—	√	5~10 min
4	强迫沉降	√	—	—	—	√	—	—	—	—	—	
5	预喷射	—	—	—	—	—	√	—	√	√	—	1 min
6	再生	—	—	—	—	—	√	—	√	√	—	流速5 m/h
7	置换	—	—	—	—	—	√	—	√	√	—	流速5 m/h
8	清洗	√	—	√	—	—	√	—	—	—	—	
9	排水	—	—	—	—	√	—	—	—	—	√	放水至树脂层表面上100 mm左右处
10	混合	—	—	—	—	—	—	√	—	—	√	压力调至0.1~0.12 MPa，持续0.5~1 min
11	灌水	√	—	—	—	—	—	—	—	—	√	
12	正洗	√	—	—	—	√	—	—	—	—	—	流速15~30 m/h

注：① 阀门开启状态；
② 阀门关闭状态；
表中所列各步骤的时间，应在调试时再确认。

1. 运行操作

(1) 启动前检查

1) 设备是否处于备用，各阀门是否处于关闭位置。

2）流量表、压力表完好，考克开启。

3）一级除盐水箱水位在1/2以上（或根据二级水位情况决定）。

（2）启动与停止操作

1）启动：

① 除盐泵投入运行，开进水门K1、空气门K10，当空气门出水时立即关闭此门。

② 开正洗排水门K5，冲洗设备至出水符合标准。

③ 关正洗排水门K5、开出水门K2，向二级水箱送水，并调整流量至需要值。

2）停止：

关出水门K2、进水门K1，停止除盐泵运行。

3）运行维护及监督：

① 运行中每2 h取样化验SiO_2含量、电导率一次，临近失效时增加分析次数。

② 运行中应检查各表计指示是否正常，一级水箱水位供应是否充足。

③ 检查树脂捕捉器内是否有树脂漏出。

④ 增减负荷动作应缓慢进行。

2. 再生操作

1）再生前准备：

① 按照规定日期或出水质量下降的情况，将碱、酸溶液分别压入计量箱内。

② 准备好再生所需的药品、仪器、记录表单等。

2）再生操作：

按规定日期或在出水质量下降时，进行再生，再生操作如下：

① 反洗分层。

关出水门K2、进水门K1、硅表取样门，待塔内压力降为0时，二次关闭出水门K2，开反洗进水门K3、反洗排水门K4，由小至大调整流量，待树脂层松动膨胀后，增加流量至30～40 t/h，当树脂层上升至上窥视孔时，稳定流量并观察下窥视孔树脂情况，待分层一段时间后，每隔2 min，将流量降低5 t/h。当下窥视孔树脂界面明显时，关闭反洗进水门K3、反洗排水门K4，停止除盐泵运行，反洗结束，分层效果不明显者可重新分层。

② 静置放水。

待树脂沉降下来以后，开空气门K10、正洗排水门K5，将水放至上窥视孔中心线处，关闭正洗排水门K5、空气门K10。

③ 阴树脂进碱。

除盐泵投入运行后，开酸、碱计量箱出口门，开混床进碱门 K9、进酸门 K8，开碱喷射器进水门、酸喷射器进水门，流量全部调整至 5～8 t/h，开中间排水门 K6，当中间排水门控制器内液位稳定在上窥视孔中心时，开喷射器进碱门，控制进碱的浓度为2%～3%、流速为 2～4 m/h。

④ 阴树脂置换。

进碱结束后，关喷射器进碱门，关碱计量箱出口门，继续进水，进行冲洗置换至出水碱度 <0.5 mmol/L。

⑤ 阳树脂进酸。

开喷射器进酸门，控制进酸的浓度为2%～3%、流速为 2～4 m/h。

⑥ 阳树脂置换。

进酸结束后，关喷射器进酸门、酸计量箱出口门，并继续进水，进行冲洗置换至出水酸度 $\leqslant 0.5$ mmol/L，关碱喷射器进水门、进碱门 K9、酸喷射进水门、进酸门 K8、中间排水门 K6，置换结束。

⑦ 阴、阳树脂串联正洗。

开进水门 K1、当空气门 K10 出水后，关闭空气门 K10，开正洗排水门 K5，调整流量至 65 t/h，冲洗树脂至出水导电率 <1.0 μS/cm（在正洗排水门处取样），关正洗排水门 K5、进水门 K1，停除盐泵运行。

⑧ 放水。

开空气门 K10、正洗排水门 K5，将水放至高出树脂层 10 cm 处，关正洗排水门 K5。

⑨ 混合树脂。

空气压缩机投入运行，开混床进气门 K7，保持器内压力为 0.1～0.2 MPa，并持续 10 min 左右，从窥视孔看到树脂混合均匀后，关进气门 K7，停止空气压缩机的运行。

⑩ 混合后正洗。

除盐泵投入运行后，开进水门 K1，待空气门出水后即关闭。开正洗排水门 K5，调整流量至 65 t/h，开硅表取样门，测取样是否合格，合格时开出水门 K2，关正洗排水门 K5，将设备投入运行或停止运行并列为备用。

（3）维护及监督

1）进酸、碱及置换期间须使控制器内水位稳定，不得忽高忽低。

2）应经常检查中间排水、底部排水是否有跑树脂现象。

3）如分层效果不明显，可进碱 5～10 L 以增加阴、阳树脂湿真比重差。

4）当塔内快要满水时，应适当关小进水门，慢慢进水，以防设备受力而损坏。

5）待树脂沉降放水时对出口一、二道门进行二次关闭。

六、安装要点

1）设备安装前应根据发货清单清点设备、部件数量，检查设备在运输中是否损坏，并检查设备衬胶面有无损坏、擦伤。

2）设备在就位后运行前，应检查内部中排装置、碱液分配装置、水帽是否有松动，以及是否有漏装的零部件。

第五章

凝结水处理

火力发电厂锅炉的给水由汽轮机凝结水和锅炉补给水组成。凝结水是锅炉给水的主要组成部分，它的量占锅炉给水总量的90%以上。由此可知，给水质量在很大程度上取决于凝结水的水质。因此对给水质量要求很高的现代高参数机组，除了锅炉补给水需进行净化处理外，凝结水也需进行净化处理。由于这是对含杂质很低的水进行深度处理，因此又称其为凝结水精处理。

第一节　基本知识认知

一、凝结水的污染

火力发电厂的汽轮机凝结水是蒸汽在汽轮机中做完功以后冷凝形成的。从理论上讲，凝结水应该是很纯净的，但实际上在形成过程中因某些原因会受到一定程度的污染，这些原因大致有以下几方面。

1. 凝汽器漏冷却水

凝结水污染的主要原因之一是冷却水从汽轮机凝汽器不严密的部位漏至凝结水中。凝汽器不严密部位通常是在凝汽器铜管与管板的连接处，因为在汽轮机的长期运行过程中，由于工况的变动必然会使凝汽器内产生机械应力，因此即使凝汽器的制造和安装质量较好，在使用中仍然会发生铜管与管板连接处严密性降低、冷却水漏入凝结水中的现象。

根据对许多大型机组的凝汽器所做的检查得知：汽轮机凝结水受冷却水污染的现象不可能完全消除。在正常运行情况下，有少量冷却水渗漏到凝结水中的现象称为凝汽器渗漏，严密性很好的凝汽器可以做到渗漏量为汽轮机额定负荷时凝结水量的0.003 5% ~0.01%，而一般的凝汽器为0.01% ~0.05%。

当凝汽器的铜管因制造缺陷或腐蚀而出现裂纹、穿孔或破损时或者当铜管与管板的固接不良或遭到破坏时，冷却水漏到凝结水中的量会显著增大，这种现象称为凝汽器渗漏。当冷却水漏入凝结水中时，该冷却水中各种杂质都将随之混入凝结水中。凝结水因漏入的冷却水而增加的含盐量与凝汽器泄漏率、冷却水含盐量密切相关。凝汽器泄漏对凝结水的污染程度还与汽轮机的负荷有关，因为当汽轮机的负荷很低时，凝结水量大为减少，但漏入的冷却水却不因负荷的变化有多大变化，所以此时凝结水水质的恶化更为明显。

2. 金属腐蚀产物的污染

发电厂水汽系统的设备和管道不可避免地会发生腐蚀，在机组启动时，在水和蒸汽的冲刷下，这些腐蚀产物会进入凝结水中，腐蚀产物的主要成分是铁和铜的氧化物，其生成与许多因素有关，如机组负荷的变化、设备停用期间保护的好坏、凝结水的 pH 值、给水的溶解氧及 CO_2 含量等。在这些因素中，凝结水中铁、铜含量受机组负荷变化的影响最为敏感，因为负荷的变化会促进设备及管壁上腐蚀产物的脱落，导致凝结水中铁、铜含量明显升高。据测定数据表明，在机组启动过程中，铁、铜含量比正常运行值要高十几倍甚至几十倍，致使长时间的冲洗才能达到正常值。

凝结水中金属腐蚀产物进入锅炉后，将在冷水壁管中沉积，并进一步诱发腐蚀，所以凝结水中的腐蚀产物必须予以清除。

综上所述，在机组运行的过程中，凝结水会受到一定程度的污染，为此凝结水精处理就成为高参数火力发电厂水处理的一项重要任务。

二、凝结水处理的目的

随着锅炉机组参数的提高，给水水质对机组安全运行来说越来越重要，所要求的给水水质也越来越高，直流锅炉、亚临界压力及以上汽包锅炉的凝结水水质标准见表 5－1。从这些标准的数值来看，在机组的长期运行中，要想稳定地达到这些要求，不对汽轮机凝结水进一步处理是很难实现的。

根据凝结水被污染引入杂质的类别，凝结水处理的目的可分为：

1）去除凝结水中的金属腐蚀产物；

2）去除凝结水中的微量溶解盐类。

表 5－1 直流锅炉、亚临界压力及以上汽包锅炉的凝结水水质标准

锅炉参数/MPa	硬度 /(μmol·L^{-1})	溶氧量 /（μg·L^{-1}）	电导率/（μS·cm^{-1}）（25℃，H^+）	SiO_2 含量 /（μg·L^{-1}）	Na^+ 含量 /(μg·L^{-1}）
15.68～18.62	≤0.3	≤30	≤0.3	保证炉水 SiO_2 含量合格	≤10

三、凝结水处理的适用范围和系统组成

1. 凝结水处理时应考虑的因素

汽轮机凝结水是否要进行处理取决于多方面的因素，综合起来有以下几个方面：

1）锅炉的炉型和机组的参数。

2）冷却系统特性和冷却水种类（淡水、苦咸水或海水）。

3）凝汽器的结构及铜管的管材。

4）机组的负荷特性，即基本负荷还是调峰负荷。

2. 适用范围

凝结水是否需要处理以及处理量多少均与锅炉的型式（汽包炉、直流炉）、参数、有无分离装置、凝汽器的结构特点（冷却方式、冷却水含盐量等）以及机组运行特性（带基本负荷、尖峰负荷、启停次数等）有关。

（1）直流炉

超临界压力直流炉给水水质要求较高，因此，对它的凝结水需要进行全部处理。

（2）汽包炉

对于装有汽水分离装置和给水清洗装置的超高压锅炉的给水，其凝结水是否需要处理，可根据所使用冷却水的情况而定：如果冷却水是淡水，一般其凝结水不需要处理；如果冷却水是海水或苦咸水，一般其凝结水需要进行处理，处理量为50% ~100%。

3. 凝结水处理系统的组成

凝结水处理系统由过滤和除盐两部分组成。过滤主要用来去除水中的金属腐蚀产物，除盐用于除去水中的溶解盐类。在除盐装置除水管上应安装树脂捕捉器，用以截留混床可能漏出的破碎树脂。

第二节　凝结水过滤

清除凝结水中的杂质，主要采用两种方法：过滤法和混合离子交换法。

一、过滤法

凝结水中所含的悬浮物和金属腐蚀产物，可在混床除盐前用过滤方法除去，以保证混床设备的有效运行。目前，电厂中使用的过滤设备有覆盖过滤器和电磁过滤器两种。

1. 覆盖过滤器

凝结水处理的前置过滤设备多采用纤维素（纸粉）覆盖过滤器。它的作用是除掉凝结水中的铁氧化物、铜氧化物和一些机械杂质，以保护混床不受污染。

（1）结构

覆盖过滤器可分为本体和过滤元件两部分，如图 5－1 所示。

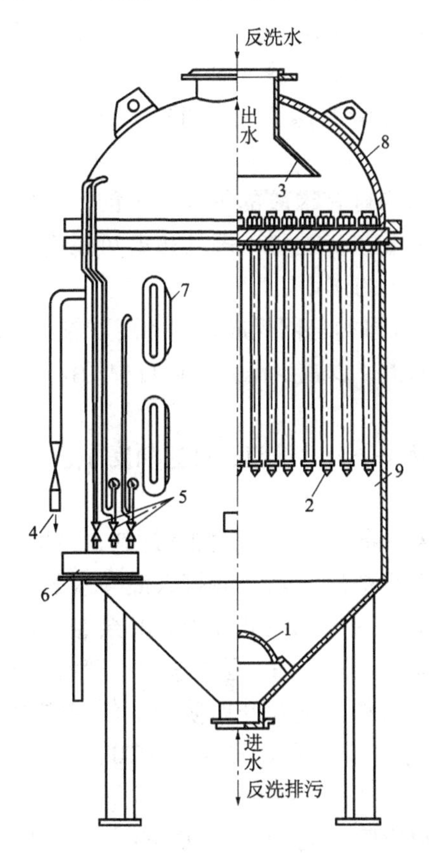

图 5－1　覆盖过滤器结构

1—水分配器；2—滤元；3—集水漏斗；4—放气管；
5—取样管及压力表；6—取样槽；7—窥视孔；8—上封头；9—筒体

1）第一部分是过滤器本体。

它是由上封头 8 和筒体 9 组成。

上封头的顶部中间位置为出水管，与出水管相连处装有出水集水漏斗 3，集水漏斗上部为空气集聚区，作为反洗爆膜用。

过滤器的筒体是由圆筒和锥体焊接而成的。圆筒四面上下对称共开有八个窥视孔 7。在锥体进口上端装有蘑菇形水分配器 1，水分配器上开有透水孔，可使水流均匀平稳上升。

2）第二部分过滤元件。

过滤元件是由滤元2、多孔板和定位圈网组成的。

滤元是由不锈钢或工程塑料（聚砜）制成的管件，管件外表有许多条凸齿和齿槽。在每条齿槽中开有许多直径为3 mm的小孔，而这些小孔的齿槽上下部位是不均匀分布的。上部的孔距大，孔数少；下部的孔距小，孔数多。要过滤的水就是从这些小孔进入滤元管内，再流向出水集水漏斗。此外，在滤元凸齿上刻有螺纹，并沿着螺纹绕有直径为0.4 mm的不锈钢丝，丝距为0.3 mm。

多孔板是用上下面均衬有橡胶的钢板制成的，钢板上有许多孔，滤元的上端就吊装在多孔板的孔上。这样，多孔板既可以起固定滤元的作用，又可以起划分过滤区和出水区的作用。

定位圈网是用2 mm厚的扁网焊成，网的圈数与多孔板的孔数相对称。滤元的下端就固定在圈网上，以减少滤元在运行中的摆动。

（2）运行操作

覆盖过滤的运行操作分为：铺膜、过滤和反冲爆膜。

1）铺膜。

先在铺料箱内放入一定量的水，再加入滤料，并搅拌成浓度为2%左右的悬浊液，然后利用铺料泵把滤料悬浊液打入灌满水的过滤器内，当此悬浊液流经滤元时，就有一部分滤料铺在滤元上，其余悬浊液又回到铺料箱内。这样反复循环铺料，就能在滤元上铺一层滤膜，一般滤膜厚度为3～5 mm。

铺膜的流速应先慢后快，铺膜开始阶段的流速应保持在2.5～3.0 m/h，待滤膜初步形成后，可逐步提高流速至5～10 m/h，这可以起压实滤膜的作用。

正常情况下，滤料成膜时间为15～20 min，从铺膜开始到压实完结约需30～40 min。

2）过滤。

当铺膜完成后，将铺料循环系统转换至过滤运行，此时应保持过滤器内有水流动，以防止滤膜因失水而脱落。投入运行前，应排掉系统和设备内死角所沉积的滤料，待出水合格后，即可投入运行。

运行初期，滤膜阻力很小，过滤器的出、入口之间的压差为0.1～0.5 kg/cm^2。随着过滤器的运行，滤膜截留的杂质逐渐增加，滤膜也被进一步压实，其阻力逐渐增大。当过滤器出、入口之间的压差达到1.5～2.0 kg/cm^2或出水的含铁量超过规定标准时，即认为滤膜失效，应停止运行。

3）反冲爆膜。

过滤器失效后，应将过滤器从运行系统中隔绝出来，然后采用“空气自压缩膨胀法”爆膜。这种方法就是利用集水漏斗上部和滤元上部被压缩的空气突然膨胀来冲击滤膜，使滤膜破碎脱落，然后清洗滤元。其操作方法是：关闭过滤器出水门，打开进水门，利用进水压力压缩过滤器内的空气，约 3 ~5 min 后，待过滤器内各部分压力均匀时，关闭进水门。然后突然全开放气门、排渣门，进行爆破和排渣。最后，利用反冲洗水对滤元进行反冲洗。如果爆膜一次不干净，还可以重复多次直至滤元基本上被冲洗干净为止。此时，过滤器又处于铺料前的准备阶段。

我国自行设计和制造的 200 t/h 纤维素覆盖过滤器，运行效果比较理想。当过滤器进水含铁量在 50 μg/mL 以下时，其出水中含铁量均小于 10 μg/mL。特别在机组启动初期，凝结水中杂质较多时，纤维素覆盖过滤器更能显出它在系统中过滤除铁的重要作用。

2. 电磁过滤器

电磁过滤器是利用电磁作用除去水中含铁物质和某些非铁磁性杂质的一种水处理设备。

（1）结构

电磁过滤器是由通水筒体、电磁线圈和屏蔽罩等组成，图 5 – 2 所示为电磁过滤器的结构示意。

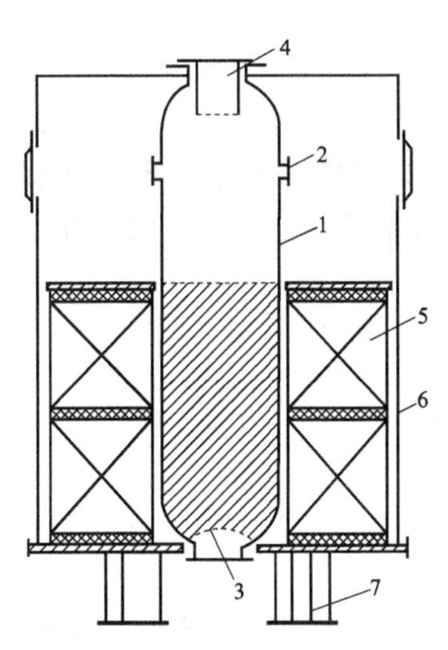

图 5 – 2 电磁过滤器结构示意

1—通水筒体；2—窥视孔；3—进水装置；
4—出水装置；5—电磁线圈；6—屏蔽罩；7—过滤器支座

通水筒体 1 是由奥氏体钢制成的，筒壁上部有对开的两个窥视孔 2，筒体内的下部是过滤层，过滤层是由软磁性材料制成的铁球（直径为 6 ~ 6.5 mm）所组成，滤层高度为 1 000 mm。通水筒体内的进水装置 3 为支撑铁球填料的缝隙式布水装置。它的出水装置 4 为直筒插入式结构，直筒段有条形缝隙槽，直筒的下端圆板上开有许多直径为 5 mm 的小孔，其可防止在冲洗时，铁球被冲出。

过滤器通水筒体插在电磁线圈 5 中间，线圈外套有屏蔽罩 6，它起着减少设备外部漏磁和帮助线圈抽风、散热的作用。

（2）运行操作

当电磁线圈通过直流电时，则产生电磁场。电磁场使过滤器筒体内的铁球磁化，并使铁球产生很强的磁感应强度。当被处理的水自下而上的通过铁球层时，水中含铁物质即被磁化的铁球所吸着，达到净化的目的。当电磁过滤器运行一定时间后，铁球继续吸着含铁物质的能力降低，出口水中含铁量逐渐增加。当出口水中的含铁量超过一定值时，应停止运行，洗去铁球表面吸着的含铁物质。

清洗时，先关闭出水门，再断开直流电源并进行去磁，使铁球和吸着的含铁物质的剩磁减到最小。然后以较大流量的水自下而上冲洗球层，使小球浮动起来，将已失去磁性的含铁物质从球的表面脱离开来，随冲洗水一起排出过滤器。冲洗时间为 20 ~ 60 s。冲洗结束后，电磁过滤器又可以再次投入运行。

操作时应特别注意：电磁过滤器停止运行时，先关闭出水门，然后切断线圈电源；启动时，先接通线圈的直流电源，再开出水门。

电磁过滤器的除铁效果与机组运行工况、启动前机组停用保护状况等因素有关。机组在正常运行条件下，其除铁效率在 90% 以上，出口含铁量为 10 μg/mL 以下。

电磁过滤器的设备小、效率高、操作简单，可用于较高温度的水处理。因此，它可以设置在除氧器以后。目前，这种设备在我国电厂中已开始用作凝结水处理的前置过滤器。

二、混合离子交换法

凝结水是由蒸汽凝结而成，虽然它的水质纯度比较高，但是仍然不能满足高参数锅炉或直流炉对给水水质的要求。为了进一步除去凝结水中的盐类，常采用混合床离子交换器（即混床）处理。

阳树脂为 RNH_4、阴树脂为 ROH 的混床，叫作铵－氢氧型混床（NH_4－OH 型混床）。在除去凝结水中的盐类时，通常采用 NH_4-OH 型混床。

（1）为什么要采用 NH_4-OH 型混床

在热力发电厂中，为防止汽、水系统被腐蚀，常分别在化学补给水管和除氧器下降管的部位向水中加入 NH_3 或 N_2H_4（联氨）。这些挥发性药品除一部分发生作用外，其余部分均以 NH_3 的形式进入凝结水中。当这种含 NH_3 的凝结水通过 H-OH 型混床时，便同 RH 树脂发生下列反应：

$$RH + NH_4^+ \rightarrow RNH_4 + H^+$$

混床中的 RH 树脂被全部转换为 RNH_4 以后，凝结水中的 NH_4^+ 就要穿过树脂层随水流出。由于出水中有 NH_4^+，就会使水的电导率升高。当出水电导率超过标准时，H-OH 型混床应停止运行。显然凝结水中 NH_3 含量较高时，H-OH 型混床运行周期很短，再生次数频繁，酸、碱耗大。为了防止汽、水系统的腐蚀，又不得不向给水中再加 NH_3，这样的运行很不经济。

为了延长混床的运行周期，降低水处理成本，当混床运行到 RH 树脂全部被转换为 RNH_4 时，继续运行。此时交换器内的阳树脂为 RNH_4 型，因为凝结水中酸根含量很少，所以交换器内的阴树脂绝大部分仍是 ROH。在这种情况下，混床即 NH_4-OH 型混床。当这种混床运行时，其中的反应按下式进行：

$$RNH_4 + Na^+ \rightarrow RNa + NH_4^+$$

$$ROH + HSiO_3^- \rightarrow RHSiO_3 + OH^-$$

从上述交换反应中可以看出，采用 NH_4-OH 型混床运行时，有两个特点：一是出口水中含有 NH_3 或 NH_4OH，因而给水系统中不需要再加氨；二是正常情况下，凝结水中的 Na^+ 等金属离子和 $HSiO_3^-$ 等酸根离子含量很少，所以 NH_4-OH 型混床运行周期长。一般 NH_4-OH 型混床比 H-OH 型混床运行周期增加 5～10 倍。

（2）NH_4-OH 型混床树脂的再生问题

NH_4-OH 型混床的设备和运行操作与一般混床基本相同，但 NH_4-OH 型混床树脂的再生效果要求较高。为此，这里着重讨论一下 NH_4-OH 型混床树脂的再生问题。

用 NH_4-OH 型混床处理凝结水要求树脂再生必须彻底。试验和理论计算表明：再生后的阳树脂中 RNa 树脂的残留量应在 0.5% 以下或 RNH_4 树脂应在 99.5% 以上；再生后的阴树脂中 RCl 树脂残留量应在 5% 以下或 ROH 树脂应在 95% 以上。否则，出水的电导率会较高。

NH_4-OH 型混床树脂再生的顺序为：阴、阳树脂分层，阴、阳树脂分别再生，对阴、阳树脂进行氨循环。具体过程如下：

1）使阴、阳树脂分层彻底，如果分层不彻底，当阴树脂用 NaOH 再生时，混杂在阴树脂中的阳树脂就会转变为 RNa 树脂。当阳树脂用 HCl 再生时，混杂在阳树脂中的阴树脂就会转变为 RCl 树脂，这样就会降低树脂再生效果。因此，阴、阳树脂分层是否彻底是提高树脂再生效果的关键问题。

阴、阳树脂分层有许多方法，这里主要介绍体外再生浮选法。这种方法是将失效的树脂从运行的交换器内转移到专用的再生器（体外再生器）内，然后向再生器内通入10%～16%浓度的氢氧化钠溶液浸泡，由于阴树脂的湿真比重小于1.11，所以阴树脂浮起，由于阳树脂湿真比重大于1.2，所以阳树脂沉在 NaOH 溶液底部。待阴、阳树脂彻底分层后，将上部的阴树脂送至阴再生器内，然后对阴树脂进行清洗。

2）阳树脂的酸再生。先清洗阳树脂，然后将盐酸（或硫酸）再生液通过 NaOH 溶液转成 RNa 树脂层，使 RNa 树脂转变为 RH 树脂，然后清洗阳树脂。

3）用浓度为0.5%～1.0%的氨水分别对阴再生器内的 ROH 树脂层和阳再生器内的 RH 树脂层进行循环处理，使阴树脂层中混有少量的 RNa 树脂转变为 RNH_4，使 RH 树脂转变为 RNH_4树脂。这一步通常被称为氨化处理。

用 NH_4-OH 型混床运行时，凝结水中不应漏入生水。因为生水含盐量大，会使混床出水中的 NH_4^+ 增多，引起汽、水系统中铜部件的腐蚀。另外，还应有备用的 H-OH 型混床，用以调节 NH_4-OH 型混床处理后的凝结水的 pH 值。

第三节　凝结水混床系统及运行

一、混床与热力系统的连接方式

由于树脂使用温度的限制，凝结水混床在热力系统中一般都设置在凝结水水泵之后、低压加热器之前，这里水温不超过60℃，能满足树脂正常工作的基本要求。

1. 低压凝结水混床与热力设备的连接方式

在该系统中，混床连接在凝结水泵与凝结水升压泵之间。因为凝结水泵在1～1.3 MPa 压力下运行，所以混床是在较低压力下工作的，为了能将经混床处理后的水再经过低压加热器送入除氧器，需在混床之后设置凝结水生压泵。此外，在该系统中，为了便于凝汽器热井及除氧器水位的调节，系统中还设置密封式补水箱，除盐水先补进水箱中，再送入凝汽器，当除氧器水位高时，部分凝结水可以返回到补水箱。

2. 中压凝结水混床与热力系统连接方式

为了解决由于凝结水泵压力较低而出现的问题，可以将水泵的压力升至 4 MPa，从而取消凝结水升压泵和补给水箱。凝结水泵将水送入混床处理后，借助剩余水头再将水经低压加热器送至除氧器。在该系统中，凝结水混床在较高压力下运行，故称中压凝结水混床系统。

二、凝结水混床系统

本书介绍的凝结水精处理采用中压凝结水混床系统，系统的流程为：凝结水→凝结水泵→混床→轴封冷却器→低压加热器。每台机组配两台体外再生空气擦洗高速混床系统，精处理设备按 2 ×50% 配置，凝结水进行 100% 处理。

1. 高速混床

高速混床为垂直压力容器，采用碳钢焊制、橡胶衬里。混床上部的水分配装置使进水经挡板反溅至交换器的顶部，再通过进水挡圈和布水板的水帽，使水流均匀地流入树脂层，保证了良好的进水分配效果。混床底部的集水装置采用双盘碟形设计，盘上安装有双流速水帽，出水经水帽流入混床的出水管。

2. 树脂捕捉器

混床出口安装有直径为 500 mm 的树脂捕捉器，用于截留混床出水可能带有的破碎树脂。树脂捕捉器为碳钢衬胶设备，耐压值设计为 3.5 MPa，耐温值设计为 <55℃。内部滤元采用 1Cr18Ni9Ti 不锈钢材料制成。树脂捕捉器配备有差压变压器，具有差压显示和报警功能，并配有冲洗滤元的管道系统。

3. 旁路

高速混床系统进、出水母管间设有 DN300 可调节电动蝶阀旁路。

4. 再循环单元

混床系统中设有再循环单元，以供混床投运初期出水不合格时的再循环处理。再循环单元由 ϕ159 mm ×4.5 mm 管路、再循环泵进水阀、再循环泵、再循环泵出口阀和混床进水阀组成。

三、凝结水混床运行方式

机组在正常运行情况下，两台混床处于连续运行状态，凝结水经处理后进入热力系统。当一台混床出水不合格（电导率 >0.2 μS/cm）或出口压力差超过 3.5 MPa 时，将旁路阀打开 50% 流量的开度，同时将该混床退出运行。将失效树脂送至再生系统，并将储存塔中已再生清洗并经混合后的树脂送入该混床中。

在混床投运初期，如果出水水质不能满足要求，则通过再生单元，用再循环泵将出水送回该混床进行循环处理，直至出水电导率合格，即可打开该混床出水阀，并随即调节旁路流量或关闭旁路阀。

凝结水混床失效标准：电导率 > 0.2 μS/cm 或混床出口压差 > 3.5 MPa。此外，当混床进水温度高于 50℃时，为了保护树脂，此时旁路阀自动打开，同时关闭混床入口阀，停止混床运行。

混床运行操作由 10 个步骤构成一个循环，这 10 个步骤是：升压、循环正洗、运行、卸压、树脂送出、树脂送入、排水、树脂混合、沉降、充水。

下面依次介绍每一步操作及作用。

1）升压。

混床由备用状态时压力表为零升到凝结水压力的过程称为升压阶段。为使混床压力平稳逐渐上升，专设小管径升压进水管，以保证小流量进水。若直接从进水主管（ϕ219 mm × 7 mm）进水，因流量大、进水太快，会造成压力剧增，可能引起设备机械损坏，所以升压阶段禁止从主管道进水升压。当床内压力升至与凝结水压力相等时，再切换至主管进水。

2）循环正洗。

同补给水混床一样，凝结水混床再生混合好的树脂在投入运行前需经过正洗，出水水质才能合格。不同之处是：凝结水混床正洗的出水不直接排放而是经过专用再循环单元送回混床对树脂进行循环清洗，直至出水水质合格。正洗循环使用，可节省大量凝结水，减少水耗。

3）运行。

运行是指混床除腐蚀产物和除盐制水的阶段，合格的混床出水经加氨调节 pH 值后送入热力系统。

运行过程中应注意监测各种运行参数，当出现下列情况之一时，则停止混床运行：

① 出水水质超过 SD 163—1985 规定的数值。

② 混床出水压力大于 3.5 MPa。

③ 凝结水水温高于 50℃。

④ 进入混床的凝结水铁含量大于 1 000 μg/L。

⑤ 配套机组停止运行。

第①种情况是混床正常失效停运，出水水质不合格表明混床需要再生，其他为混床非正常停运或非失效停运，遇到这些情况时，混床只需停止运行而不需要再生，等情况恢复正常后又继续启动运行。

混床失效停运须经下述的 4）~10）步操作，才能重新回到备用状态。

4）卸压。

混床必须将压力降至零后，才能解列，并退出运行。卸压是用排水方法将床内压力降下来，直至与大气压平衡。

5）树脂送出。

其是指将混床失效树脂外移至体外再生系统。方法是启动冲洗水系统，利用冲洗将混床中的失效树脂送到体外再生系统的分离塔中。

6）树脂送入。

混床中失效树脂全部移至分离塔以后，再将树脂在储存塔中经再生清洗，并混合好送入混床。

7）排水。

树脂在送入混床过程中会产生一定程度的分层，为保证混床出水水质，需要在混床内通入压缩空气进行第二次混合。但是树脂送入过程完成后，混床中树脂表面以上有较多的积水，若不排除，会影响混合效果。因为停止进气后，阳、阴树脂会由于沉降速度不同而重新分开。为了保证树脂混合效果，必须先将这部分积水放至树脂层面以上 100～200 mm 处。

8）树脂混合。

用压缩空气搅动树脂层，打乱阳、阴树脂的分层排列状态，以使阳树脂、阴树脂的均匀混合。

9）沉降。

其是指被搅动均匀的树脂自然沉降。

10）充水。

充水就是将床内充满水。因为树脂沉降后，树脂层以上只有 100～200 mm 深的水层，如果不将上部空间充满水，运行启动过程中树脂层容易脱水而进入空气。

至此，混床进入备用状态。

第四节　混床树脂的分离及体外再生

凝结水混床常采用体外再生方式，体外再生系统有三个主要功能：一是分离阴、阳树脂；二是空气擦洗树脂除去金属腐蚀产物；三是对失效树脂进行再生和清洗。

体外再生系统包括下述子系统：

1）用于树脂分离、再生、储存的系统。

2）用于酸、碱储存、计量、投加的酸、碱系统。

3）用于树脂反洗、清洗、输送及稀释再生剂的自用水系统。

4）用于擦洗树脂、混合树脂的压缩空气系统。

一、混床树脂的分离

提高混床树脂再生度的前提之一就是再生前将阴、阳树脂完全分离，这是混床能否在运行时由 H-OH 型转为 NH_4-OH 型运行的关键。目前较为常见的几种树脂分离技术有中间抽出法、二次分离法、锥形分离法和完全分离法。

二、混床的体外再生

1. 系统

该系统为三塔式系统，由树脂分离塔（SPT），阴树脂再生塔（ART），阳树脂再生、混合、储存塔（CRT）以及罗茨风机组组成，其为低压系统。在与混床有联系的管路上安装安全阀门，以防止中压系统的压力进入再生系统。

2. 设备简介

（1）树脂分离塔

分离塔的作用是：通过空气擦洗树脂除去腐蚀产物；水反洗使阴、阳树脂分离；暂时储存未完全分开的“界面树脂”，以待下次分离。

分离塔采用碳钢制、橡胶衬里。其结构特点在于上大下小，下部是一个细长的筒体，直径为 1 300 mm，高为 4 464 mm，上部是一个直径逐渐扩大的倒锥体，直径最大处为 2 100 mm，设备总高度为 8 611 mm。塔体上设有失效树脂进口和阴、阳树脂出口，以及进水口和排水口（兼有反洗进水和进压缩空气的功能）。塔体上还设有上人孔、侧人孔，沿塔高共设有 7 个窥视孔，用于观察塔内树脂状态。塔体内有布水装置和孔板水帽式排水装置，耐压值设计为 0.69 MPa。

分离塔的特殊结构能起到以下作用：

1）反洗时水流呈均匀的柱状流动。

2）塔内设有会引起搅动和影响树脂分离的中间集管装置，所以在反洗、沉降及输送树脂时能将内部搅动减到最小。

3）将分离塔的断面减小，使高度和直径的比例更加合理，减少了树脂混脂区的容积。

（2）阴树脂再生塔

阴树脂再生塔的作用是：对阴树脂进行空气擦洗及再生。该塔为碳钢制作、橡胶衬里的圆筒形结构。阴再生塔直径为 1 200 mm，高度为 4 809 mm。塔体上设有上人孔、侧人孔各一个，在塔高 1 303 mm、2 283 mm、3 841 mm 三处设有窥视孔，进碱装置为母管支管形式。

（3）阳树脂再生/混合/储存塔

该塔的作用是：

1）对阳树脂进行空气擦洗及再生。

2）阴、阳树脂在此塔内进行混合。

3）储存已混合好的备用树脂。

3. 工作过程

（1）分离树脂

失效混床中的树脂送到分离塔后，先进行一次空气擦洗，使较重的腐蚀产物从混床中分离出来，并用出水自上而下冲洗除去。再用水反洗，使阴、阳树脂分离。

待树脂分离沉降后，上部的是被分离的阴树脂，通过位于分离塔侧壁上的喷嘴被输送到阴树脂再生塔中。下部的阳树脂用水力通过位于分离塔底部的出脂管被送到阳树脂再生塔中，阳树脂的送出量是由位于分离塔侧壁上适当位置的信号来控制的。中部未能完成分离的“界面树脂”留在分离塔中，参与下次分离。界面树脂区内树脂的比例为：阴树脂约占 25%，阳树脂约占 75%。

（2）空气擦洗

进行空气擦洗以去除树脂层中的金属腐蚀产物，这一过程主要是在再生塔中进行的。

（3）树脂的再生

树脂擦洗干净后，接着分别对阴树脂再生塔和阳树脂再生塔中的树脂进行再生、清洗，之后将阴树脂送入阳树脂再生/混合/储存塔中，用压缩空气混合后备用。

4. 操作步骤

凝结水体外再生操作比补给水混床复杂，这里从失效混床树脂送入树脂分离塔之后开始，介绍再生操作的原则性步骤。

（1）分离塔中失效树脂的擦洗、分离及送出

1）分离塔的水排至树脂层以上约 100 mm 处，启动罗茨风机对树脂进行空气擦洗 10 min，并用水自上而下淋洗树脂层 5 min。

2）在树脂分离塔的顶部通入空气进行顶压排水，使水位降至树脂层一定的高度。

3）启动反冲洗水泵，由下而上对分离塔中的树脂进行反洗。反洗初期，采用50 m/h（超过了两种树脂的临界沉降速度）高流速的水将整个树脂层快速提升到树脂分离塔上部的锥体部分。调整阀门的开度，使反洗的流速先降至阳树脂的临界沉降速度以下，然后再降至阴树脂的临界沉降速度以下，使树脂沉降分层。

4）分离分离塔中的阴树脂，并将其由阴树脂出脂管送至阴树脂再生塔中，直到分离塔阴树脂出口底线界面以上树脂输送完。

5）对分离塔内的树脂进行第二次分离，下部的阳树脂由底部出脂管送至阳树脂再生塔，直到阳树脂界面降至液位开关处为止。混脂层留在分离塔中参加下次失效树脂的分离。

（2）阴树脂再生塔中阴树脂的擦洗及再生

1）排水至阴树脂层以上约100 mm处或中部排水阀不出水为止。

2）由阴再生塔下部交错进气、泄压对阴树脂进行擦洗至树脂清洗干净。

3）由阴树脂再生塔上部进压缩空气吹洗器壁。

4）阴树脂再生塔进水至液位信号显示，接着进稀碱液，并进行置换、清洗。

5）最后清洗至阴树脂再生塔出水电导率不大于10 μS/cm。

（3）阳树脂再生塔中阳树脂的擦洗和再生

其与阴树脂再生塔中阴树脂的擦洗及再生步骤相同。

（4）阴树脂输送至阳树脂再生塔及阴、阳树脂的混合、储存

1）将阴树脂再生塔内的阴树脂水力输送到阳树脂再生塔中，由窥视孔检查、证实阴树脂已彻底输送完为止。

2）冲洗树脂输送管道。

3）阳树脂再生塔重力排水至树脂层以上约100 mm处或中部排水阀不出水为止。

4）阳树脂再生塔下部进压缩空气，进行阴、阳树脂混合。

5）阳树脂再生塔进水对混合树脂进行最终漂洗至出水电导率≤0.2 μS/cm，此时，漂洗结束。

当漂洗出水的电导率大于0.2 μS/cm时，需将树脂从阳树脂再生塔送回分离塔中，重新进行分离、擦洗和再生操作。

三、凝结水处理系统

凝结水处理系统基本上由前置过滤器和混床串联组成，其中主要的是混床。

前置过滤器如果采用纤维素覆盖过滤器，它的作用是除掉水中的铁、铜氧化物，保证混床能够有效运行。

混床的作用是除去凝结水中的盐类，当系统中不设前置过滤器时，混床还有清除氧化铁等悬浮物的作用。

为了截留混床出水中随水流出的破碎树脂，在混床后串联一个由管状滤网构成的树脂捕捉器，以免树脂随给水进入锅炉。表 5－2 列出了四种凝结水处理设备的布置方式。

表 5－2　凝结水处理设备的布置方式

凝结水处理设备的布置方式	特点
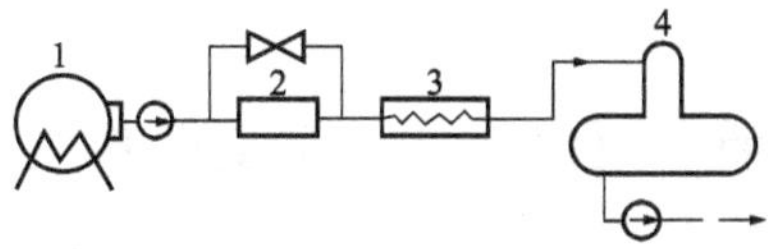 1　2　3　4	① 系统中设有旁路，处理量可调节。 ② 设备运行压力高，工作压力可达 25 kg/cm^2
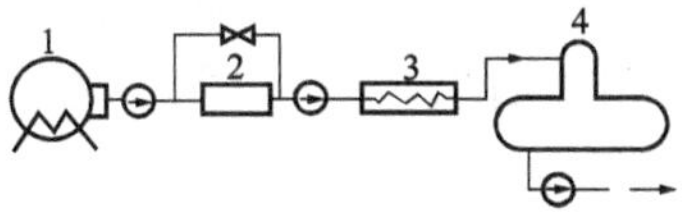 1　2　3　4	① 处理量可以调节。 ② 设备运行压力较低，水处理系统中增加了一台升压泵
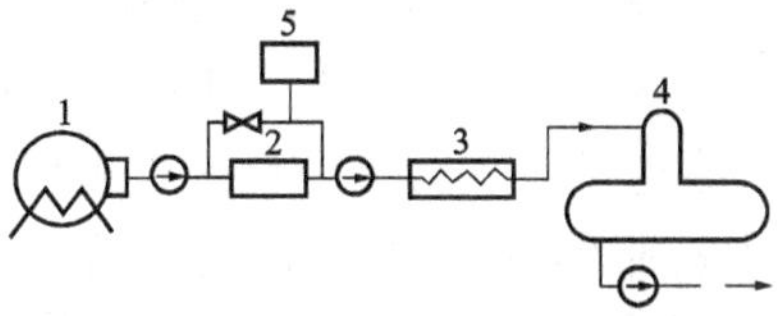 5　1　2　3　4	设有凝结水箱，运行比较安全，便于控制
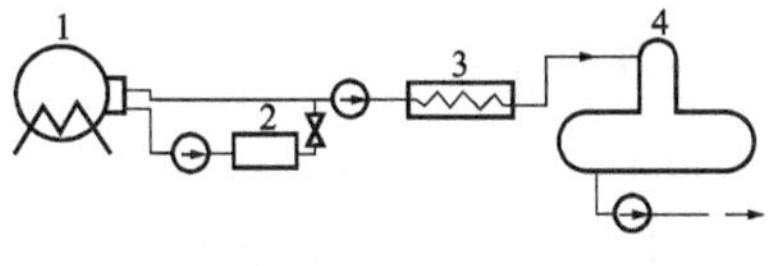 1　2　3　4	凝汽器分断隔板区的水，且可单独抽出处理

注：1—凝汽器；
2—凝结水处理设备（由前置过滤器、混床和树脂捕捉器串联组成或由混床、树脂捕捉器串联组成）；
3—低压加热器；
4—除氧器；
5—凝结水箱。

案例分析　新型再生技术分析——离子交换树脂的电再生技术（EDI）

离子交换水处理的主要方式有混床和复床两种，混床和复床树脂的电再生各有不同的特点。下面将在简述混床树脂电再生的基础上，着重讨论复床树脂电再生的特点、原理和试验研究结果及电再生器的结构。

一、混床树脂电再生

在EDI过程中，水电离所产生的H^+和OH^-，不断地自再生，并填充进淡水室内的树脂里，这一自再生作用是EDI净水设备得以连续出水且出水水质很高的关键因素。因此，如果制造出结构上类似于EDI净水设备，而其淡水室不进行填充混床树脂的电再生器，同时设法将失效的混床树脂送入其中，并通电、通纯水，使该电再生器运行一段时间，这些失效的混床树脂就必然得到彻底再生。

在这一电再生器的再生室内，水电离所产生的H^+和OH^-不断地电再生失效的混床树脂，从其树脂上置换下来的盐类离子又受电场作用不断地被迁移至浓水室排出。失效混床阴、阳树脂从盐基型转为H、OH型树脂，完成再生过程。由于失效树脂不流动，所以称这种方式为静态体外电再生。相应地，只要源源不断地将失效混床树脂送入树脂体外电再生器，就有再生好的混床树脂从其中徐徐流出，从而实现混床树脂的动态体外电再生，其工作原理如图5－3所示。

混床树脂体外电再生是在直流电场的作用下，利用水作为再生剂，用它代替酸、碱再生失效混床树脂，再生时不必采用分离、再生、混合、清洗等复杂的步骤，只需用水力输送法将失效混床树脂送入体外电再生器内进行再生则可，不用酸、碱化学药剂，对环境无污染，只消耗少量电能，使用方便，费用低廉，使传统的离子交换水处理工艺发生根本性的变化。

二、复床树脂体外电再生

1. 特点

复床是指阳树脂和阴树脂分置于两个设备中，一为阳床，另一为阴床，以区别于这两种树脂混合同置于一个设备中的混床。又由于复床在水处理系统流程中位置靠前，承担绝大部分脱盐负载，所以与混床相比，其电再生有如下不同的特点：

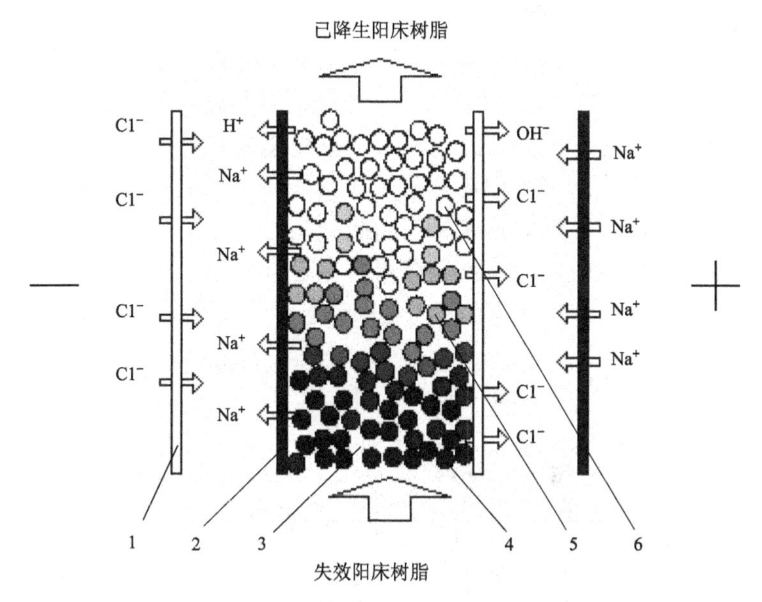

图5-3 混床树脂动态体外电再生工作原理

1—阴膜；2—阳膜；3—混床树脂电再生室；

4—下部失效混床树脂；5—中部已部分再生的混床树脂；6—上部已再生混床树脂

1）阳床与阴床再生不同步。

2）要求体外电再生器的再生强度高。

3）受硬度离子在膜上结垢的影响。

4）受树脂表面无机和有机沉淀物的影响。

2. 原理

复床树脂与混床树脂相比，其体外电再生器的区别在于：复床树脂电再生器膜在结构中增添了双极膜，这相当于在混床树脂电再生室中间插了双极膜，将其一分为二，一个变为复床中阳床树脂电再生室，另一个变为复床中阴床树脂电再生室。这时，在直流电场的作用下，水电离所产生的 H^+ 和 OH^-，分别进入各自的阳、阴离子再生室，并与相应的失效树脂发生交换反应，使失效树脂相应地转化为 H^+ 型和 OH^- 型，进而实现电再生。同时，又避免发生对树脂电再生过程有危害的副反应，因为复床位于脱盐系统的前端，失效阳床树脂除吸着了水中所含的大部分离子外，还吸着了水中所含的全部 Ca^{2+} 和 Mg^{2+}，如果将这种树脂送入原来的混床电再生室中，电再生时水电离所生成的 H^+ 可与树脂上所含的 Ca^{2+}、Mg^{2+} 和 Na^+ 交换，交换下来的 Ca^{2+} 和

Mg^{2+}就可能与水电离所生成的OH^-发生反应，生成$Ca(OH)_2$或$Mg(OH)_2$沉淀，覆盖在树脂或膜的表面，堵塞孔道，影响后续的离子迁移、扩散和交换过程，最终使树脂电再生难以持续下去。

所谓双极膜是由阴离子交换树脂层、阳离子交换树脂层和中间界面亲水层所组成，在直流电场的作用下，它能将水直接电离为H^+和OH^-，并受电场力作用形成反向的离子流。因此将一张双极膜插在一个混床树脂再生室中间，就可将其分成复床再生用阴、阳床树脂各自再生的两个电再生室。只要将失效阳床的阳树脂、失效阴床的阴树脂分别送入各自的阴、阳树脂体外电再生室，经一定再生时间后，就能获得再生程度与酸、碱化学再生相媲美的新鲜再生树脂。在树脂流动情况下，复床动态体外电再生原理如图5－4 所示。

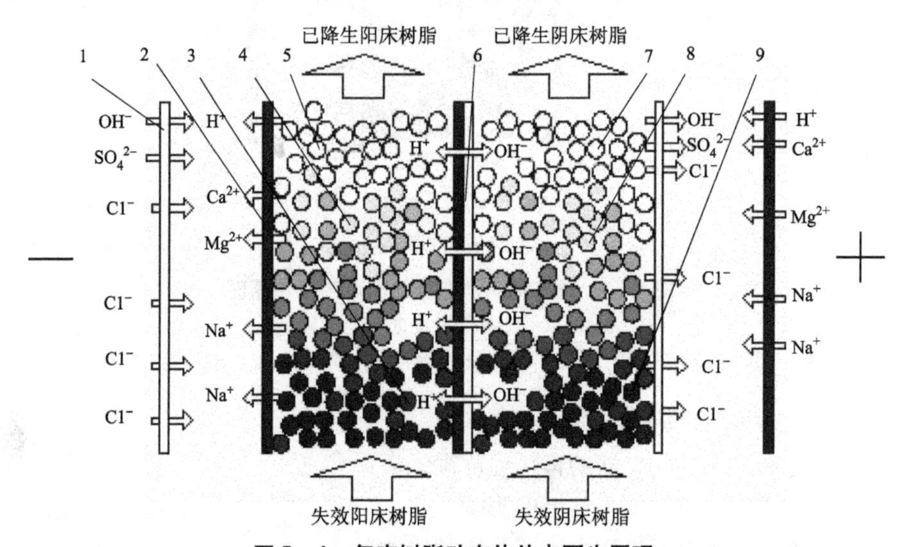

图5－4　复床树脂动态体外电再生原理

1—阴膜；2—阳膜；3—下部失效阳树脂；4—中部已部分再生的阳树脂；5—上部已再生阳树脂；6—双极膜；7—上部已再生阴树脂；8—中部已部分再生的阴树脂；9—下部失效阴树脂

三、试验研究结果

1992 年美国 Millipore 公司设计了利用双极膜的 EDI 技术并申报了专利。据报道，在原水的电导率为 1 μS/cm 的条件下，双极膜界面电压降大于 1 V，测得的电流效率低于 30%，双极膜水解离所产生的H^+和OH^-的浓度可达到 104 mg/L 以上，而原水中杂质离子浓度仅为10^{-2}～10^{-5}mg/L，两者离子浓度相差 106～109 倍。这一比例与传统的化学再生相比，要高出 2～5 个数量级，所以，应用这种技术的树脂的再生度应比化学再生法高。

河北建筑科技学院[①]的几位青年教师，在树脂电再生发明的启发下，完成了混床离子交换树脂电再生的试验研究后，又与河北电力设备厂的工程师及太原理工大学的教师合作，进行了利用双极膜的复床树脂电再生试验（河北省2000年科学技术研究攻关指导计划项目00213093）。他们采用了国产双极膜及其他材料，按照Millipore公司利用双极膜的EDI技术，制造了在双极膜两侧分别填装阴、阳树脂的EDI装置。复床离子交换树脂电再生的试验结果表明，当再生电压为60 V、再生时间为60 min时，该试验装置树脂电再生的效果接近化学再生的效果，有良好的技术可行性。华中科技大学的曹练成和邓泳南也进行了利用双极膜的复床树脂电再生试验（1999年湖北省科委重点科技计划项目992P1202），得出与上述试验相同的结论。

四、电再生器的结构

图5－5所示是复床离子交换树脂电再生器（双膜对）的剖面示意图。由图5－5可知，复床离子交换树脂电再生器主要包括膜堆、电极装置和端部夹紧装置三部分。膜堆的基本单元为膜对18，膜堆由若干个膜对18组合而成，每个膜对18依次有阴离子交换膜5、阴床树脂电再生室空心隔板6、双极膜7、阳床树脂电再生室空心隔板8、阳离子交换膜9和浓水室空心隔板10各一张按固定的程序交替排列组成。在阴床和阳床树脂电再生室的入口分别与失效的阴床和阳床树脂出口相连接，用纯水按水力输送法将失效阴、阳树脂分别送入阴床树脂电再生室空心隔板6和阳床树脂电再生室空心隔板8的空腔中，直至树脂填满再生室为止。浓水室空心隔板10的空腔中已填满导电树脂13，以降低树脂电再生器工作时浓水室的电阻。阴床树脂电再生室空心隔板6厚度为10～20 mm，阳床树脂电再生室空心隔板8厚度为10～20 mm，浓水室空心隔板10厚度为5 mm。这些隔板均用硬质聚丙烯制成。阴离子交换膜5和阳离子交换膜9可用异相膜制成，这种膜和双极膜7均为柔性材料，它们与上述刚性隔板压紧在一起，靠膜的形变达到密封、不漏水的目的。并联排列的膜对18数越多，单台复床离子交换树脂电再生器可电再生失效树脂的数量就越大。

电极装置设置在膜堆外侧两端，包括正电极隔板2、正电极3、正电极室4、负电极14、负电极室15和负电极室隔板16。

夹紧装置设置在电极装置外侧两端，包括左、右夹紧板（1、17）以及12对螺栓19，按一定顺序拧紧螺栓上的螺母，就可将若干个膜对18、电极隔

---

① 河北建筑科技学院今更名为河北工程大学。

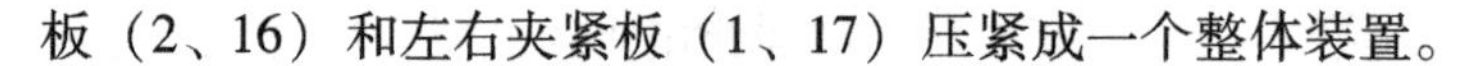

板（2、16）和左右夹紧板（1、17）压紧成一个整体装置。

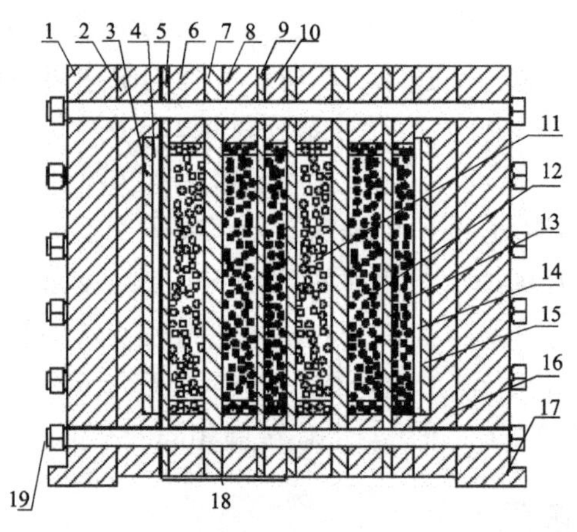

图 5－5　复床离子交换树脂电再生器（双膜对）的剖面示意图

1—左夹紧板；2—正电极隔板；3—正电极；4—正电极室；5—阴离子交换膜；6—阴床树脂电再生室空心隔板；7—双极膜；8—阳床树脂电再生室空心隔板；9—阳离子交换膜；10—浓水室空心隔板；11—阴离子交换树脂；12—阳离子交换树脂；13—导电树脂；14—负电极；15—负电极室；16—负电极隔板；17—右夹紧板；18—膜对；19—螺栓

因此，在膜对中树脂或膜（特别是双极膜）与水的界面上，因极化作用发生水的电离，水电离所生成的 H^+ 和 OH^- 分别与失效树脂上的离子发生交换反应，同时，从失效阴树脂上交换下来的这些离子，又受电场力的作用通过离子交换膜进入浓水室排出。最终失效树脂转换为 H-OH 型，从而得到电再生。

五、结论

在直流电场作用下，利用双极膜可使水电离的特性以及将双极膜插入原混床树脂电再生室中间就将该室分为阳床树脂电再生室和阴床树脂电再生室的特点，可实现复床树脂电再生。试验表明：失效复床树脂经电再生器所获得的树脂再生度，可与酸、碱化学再生相媲美；运行不消耗酸、碱化学药剂，无废物排放，不污染水体和环境；只消耗少量电能和纯水，能耗低，经济效益极好；操作简单，使用方便。复床树脂电再生技术有待于进行工程试验，以便尽早用于实践，实现产业化。

第六章

废水处理

第一节　天然水体与火力发电厂的废水和水质

火力发电厂和其他工业一样，在生产过程中，各种用水的水质可能会发生很大的变化，成为工业废水和生活污水，如不经专门处理而任意排放，就会对环境造成不同程度的影响，严重时还可引起生态平衡破坏，影响渔业、农业及其他工业用水。因此，对火力发电厂的废水和生活污水也必须进行控制和处理。

一、天然水体与水质

1. 天然水体

地球上的天然水体处于川流不息的循环运动之中，水的这种循环运动可分为两种类型，一种叫作自然循环，另一种叫作社会循环。

水的自然循环是在自然力的作用下形成的，海水在太阳热能的作用下蒸发为水蒸气和云；水蒸气和云又在密度差的作用下，随气流迁移到内陆，当遇到冷空气时，凝结为雨和雪；雨和雪又在重力作用下降至地面，称为降水。一部分降水沿地球表面流动，汇于江河、湖泊；另一部分渗入地下，形成地下水流。这两种水流最后又复归海洋。

水的社会循环是在人为的因素作用下形成的。人们为了使天然水体满足人类生活或生产工艺的需求，兴建了取水、净水、供水等一系列的工程设施，这称为给水工程。而为了使用过的水符合排放标准，又兴建了收集、治理、排放等一系列的工程设施，这称为排水工程。由给水工程和排水工程构成了水的社会循环。

水在上述两种循环运动中，不可避免地混进许多杂质。在水的自然循环进程中，由自然环境混入的物质称为自然杂质或本底杂质。在水的社会循环运动中，由环境污染混入的物质称为污染物，含有污染物的水称为废水或污水。

2. 天然水体中的自然杂质

天然水体在自然循环运动中，溶解了一些可溶性的矿物盐类，其中的阳离子有 Ca^{2+}、Mg^{2+}、Na^{+}、K^{+}；阴离子有 HCO_3^{-}、SO_4^{2-}、Cl^{-}、NO_3^{-}。另外，还有大量的 H^{+}、OH^{-}、CO_3^{2-} 等，它们共同组成了天然水体的基本化学成分。

天然水体中还含有一定数量的有机物，其种类繁多，可分为碳水化合物、脂肪类、蛋白质等，它们可生物降解为氨基酸、脂肪酸、糖类等中间产物，还可进一步生成复杂的腐殖酸和富里酸等。

天然水中的自然杂质除上述几种之外，还包括由于水流的冲刷卷带作用而带入水中的岩石土壤颗粒和有机物残渣等，它们使水浑浊，也是水中悬浮物的主要成分。

3. 天然水体的污染物

天然水体在社会循环运动中混入污染物之后就成为废水，根据废水的来源，又可分为生活污水和工业废水两大类。前者是人们生活过程中排出的废水，主要包括粪便水、浴洗水、洗涤水和冲洗水等，其成分主要决定于人们的生活状况和习惯，它往往含有大量的有机物，如蛋白质、油脂和碳水化合物等。后者是工业生产过程中排出的废水，其成分主要决定于生产过程中应用的原料及生产工艺流程等。

重金属、耗氧有机物和有机物毒素被称为水环境中的三大主要污染物。

二、火力发电厂的废（污）水

1. 汽轮机凝汽器的冷却排水或循环冷却水系统的排污水

这一部分用水量最大，它主要与冷却倍率、冷却系统的形式、水质及季节等因素有关。与冷却倍率的关系是：

$$Q = nQ_{\mathrm{p}}$$

式中，Q——凝汽器的冷却用水量（t/h）；

Q_{P}——汽轮机的排气量（t/h）；

n——冷却倍率，其数值一般在 65 ~ 75。

2. 锅炉烟气的除尘器排水和水力冲灰、冲渣废水

这部分废水可统称为冲灰废水。因为我国的火力发电厂是以燃煤为主，因此粉煤灰的排放量是很大的。据 1990 年有关资料统计，我国每年的排灰渣量大约为 6.5×10^{7} t，如全部采用水力冲灰，且灰水比按 1∶15 计算，则每年可产生的冲灰废水量可达 $9.75\times10^{8}\ \mathrm{m}^{3}$。目前，减少这部分废水量的有效途径是采用泥浆输送降低灰水比或开展干粉煤灰的综合利用。

3. 化学水处理废水

化学水处理废水包括澄清设备的泥浆废水、过滤设备的洗排水，离子交换设备的再生、冲洗废水以及凝结水净化装置的排放废水。其废水量决定于水处理设备的规模、水质及运行方式等。

4. 锅炉化学清洗和停炉保护废水

对大型机组，不仅要求新建锅炉启动前要进行化学清洗，当受热面上的沉积物超过有关规定时，也要进行化学清洗。

锅炉的化学清洗一般是按照水冲洗、碱洗、酸洗、漂洗和钝化几个步骤进行的，而每一步操作都会产生一定量的废水。其废水总量一般为清洗系统水容积的15~20倍。如一台200 MW的机组，其化学清洗的水容积大约为401.5 m^3，而废液总量为6 000~8 000 m^3。

停炉保护是锅炉的主要防腐措施之一，它对锅炉的安全运行有重要意义，这部分废水的排放量大体与锅炉保护的水容积相当。

5. 含油废水

火力发电厂虽然以燃煤为主，但其燃煤电厂的重油设施、主厂房、电气设备、辅助设备等都可能排出含油废水。其中有重油、润滑油、绝缘油、煤油和汽油等。重油设施的含油废水是指水泵的冷却水、重油设施的凝结水、被重油污染的地下水以及事故排放和检修所造成的废水。主厂房含油废水是指因汽轮机和转动机械轴承的油系统泄漏而导致产生的含油废水。电气设备（包括变压器、高压油开关等）所造成的含油废水是由于法兰连接处泄漏引起的。

6. 其他废水

其他废水包括锅炉的排污水，锅炉火侧和空气预热器的冲洗废水，凝汽器和冷却塔的冲洗废水、化学监督取样水和试验室排水，消防排水，轴承冷却排水，炉烟脱硫废水以及储煤、输煤系统的排水等。

火力发电厂的储煤、输煤系统通常占用厂区很大一部分面积，而且是露天或半露天式的。因此，当对输煤系统及储煤场地进行冲洗或天然降水时，就会产生相当数量的废水。

7. 生活废水

生活废水是指厂区职工与居民在日常生活中所产生的废水，它包括厨房洗涤、沐浴、衣服洗涤、卫生间冲洗等废水。生活废水量根据厂区职工的生活用水量和居民居住区的用水量来确定。职工生活用水标准一般按每人每班为25~35 L，其小时变化系数为3.0~3.5；淋浴水标准每人每班为40~60 L，其延续时间为1.0 h，职工最大班人数为职工总数的80%。居住区生活用水标准每人每班为180 L，其小时变化系数为2.0，其延续时间为24 h。

三、各种废（污）水对环境的影响

1. 澄清设备排放的泥浆废水

这部分废水的污染物是生水在混凝、澄清、沉降过程中产生的，其化学成分与原水水质和加入的混凝剂等因素有关。主要有 $CaCO_3$、$CaSO_4$、$Fe(OH)_3$、$Al(OH)_3$、$Ca(OH)_2$、$Mg(OH)_2$、$MgCO_3$、各种硅酸化合物和有机杂质等。泥浆废水中的固体杂质含量在1% ~2%，其废水量一般为处理水量的0.1% ~0.5%。这种废水排入天然水体中，不仅会增加天然水体的碱性物质含量，而且也会增加水的浑浊程度。

2. 过滤设备的反洗排水

过滤设备反洗排出的废水，其废水量大约是处理水量的3% ~5%，水中悬浮物的含量可达300 ~1 000 mg/L。据有关资料估算，一台直径为3.0 m、滤层高度为1.1 m的过滤设备反冲洗时，可排出20 ~80 kg的泥浆。这种废水排入天然水体中，主要是增加了水的悬浮物含量，使水更加浑浊。

3. 离子交换设备的再生、冲洗废水

离子交换设备在再生和冲洗时，会产生一部分再生废水，其废水量大约为处理水量的1%左右，这部分废水虽然水量不大，但水质很差。如阳离子交换设备用酸（H_2SO_4或 HCl）再生时，再生过程中大约有50%的水量是酸性废水，其平均酸的浓度为0.3% ~0.5%。阴离子交换设备用碱（NaOH）再生时，再生过程大约有25%的水量是碱性废水，碱的浓度平均为0.5% ~0.7%。以上两种再生废水中还含有大量的溶解固体物，平均含盐量为7 000 ~10 000 mg/L。钠离子交换设备再生时，再生废水的含盐量可高达50 000 ~70 000 mg/L，总硬度达100 mmol/L，其中主要有 Na^+、Ca^{2+}、Mg^{2+}、Cl^- 及少量 Fe^{2+} 和 SO_4^{2-} 等。

凝结水精处理设备排出的废水只占处理水量的很少一部分，而且污染物质的含量比较低，主要是热力设备的一些腐蚀产物，再生时的再生产物以及 NH_3、酸、碱、盐类等，这主要决定于精处理设备的形式和运行条件等，若设置有覆盖过滤设备时，排水中就会含有较多的纸浆纤维（或木质素）以及铜、铁等腐蚀产物。

若将再生、冲洗废水排入天然水体，不仅会增加水中的重金属含量和含盐量，而且会改变水体的pH值。水的pH值过高或过低，都会影响水生生物的生长，有时还会对输送管道和设备造成沉积物沉积或腐蚀。

4. 含油废水

油珠在废水中的存在形态有三种：悬浮态油珠，其粒径 >25 μm，其可借助本身与水的密度差上浮于水面，所以可用沉降法进行分离；乳化油珠，其粒径为0.5～2.5 μm，不易用沉降法去除，必须用气浮法或混凝法去除；溶解态油珠，其粒径<1.0 μm，所以用一般物理法（如离心法，过滤法，浮选法等）不易进行分离。目前含油废水的主要问题是水中含油量和含酚量超标。

含油废水排入天然水体且超过一定限量时，一部分轻的油就会在水面上形成一层油膜，破坏天然水体的自然爆气条件，而重的油就会沉于水体底部，从而影响水中动植物群体的正常活动，甚至死亡。为此，渔业水体规定油类产品废水中油的允许浓度只有0.05 mg/L。

5. 冲灰废水

冲灰废水中杂质的成分不仅与灰、渣的化学成分有关，而且还与冲灰水的水质、锅炉的燃烧条件、除灰与冲灰方式及灰水比等因素有关。对粉煤灰的化学分析表明：其化学成分不仅有 SiO_2、Al_2O_3、Fe_2O_3、CaO、MgO、Na_2O、K_2O 等氧化物，而且还有少量的锗、砷、汞、铅的化合物，氟的化合物和硅的化合物等。当水和灰、渣接触时，灰、渣中的这些矿物质便溶解于水中，从而产生了冲灰废水。

冲灰废水排入天然水体中，不仅会增加水中悬浮物的含量，而且会使一些重金属或有毒元素超过排放标准。目前我国灰场溢流水主要是悬浮物、pH值和氟化物含量超过排放标准的水。

6. 化学清洗废水

化学清洗过程中所产生的废水，其化学成分浓度大小与所采用的药剂组成以及锅炉受热面上被清除赃物的化学成分和数量有关。目前国内常用的化学清洗剂有 HCl、H_2SO_4、HF、HNO_3、氨化 EDTA、氨化柠檬酸、蚁酸、羟基二酸、低分子有机混合物、NaOH、$NaNO_2$、Na_3PO_4以及各种有机缓蚀剂。因此，在这种废水中除含有酸、碱、盐及有机物之外，还含有大量的重金属、有机毒物以及重金属与清洗剂之间形成的各种复杂的络合物或螯合物等。

停炉保护因所采用的化学剂大都是碱性物质，如 NaOH、氨水、联氨、磷酸三钠、NH_4HCO_3、$(NH_4)_2CO_3$及碳酸环己胺等，所以排放的废水都呈碱性，且含有一定数量的铁、铜的化合物。

以上两种废水排入天然水体中，不仅会改变水的 pH 值，而且会增加水的含盐量、重金属（铁）及有机物等。由于两种废水都是非经常性废水，具有排放集中、流量大，水中污染物成分和浓度随时都在变化的特点，因此处理比较困难，往往需要几步处理之后才能达到排放标准。

7. 锅炉排污废水

这部分废水的水质与锅炉补给水的水处理工艺及锅炉参数和停炉保护

措施等有很大关系，如亚临界参数的锅炉，除pH值为9.0～9.5，并呈微碱性外，其余水质指标都非常好，如电导率大约为10 μS/cm、悬浮物含量<50 mg/L、SiO_2含量<0.2 mg/L、Fe含量<3.0 mg/L、Cu含量<1.0 mg/L，所以这部分排水是完全可以回收利用的。但对于只采用钠离子交换水处理工艺及停炉保护不当的情况，这部分废水中的pH值、悬浮物、重金属含量等几个指标都不合格。

8. 烟气脱硫废水

当炉烟中的含硫量过大时，往往会造成周围环境污染，甚至形成酸雨，这时必须设置炉烟脱硫装置，由此产生炉烟脱硫废水，这种废水大都呈酸性，并含有较多的悬浮物、重金属、*COD*和氟化物等，这主要取决于燃料的含硫量和脱硫工艺等因素。

9. 锅炉火侧和空气预热器冲洗废水

锅炉火侧的冲洗废水含氧化铁较多，有的是以悬浮颗粒存在的，有的溶解于水中。若在冲洗过程中采用有机冲洗剂，则废水中的*COD*较高，其超过排放标准。

空气预热器的冲洗废水，其水质成分与燃料有关。当燃料中的含硫量高时，冲洗废水的pH值可降至1.6以下；当燃料中砷的含量较高时，废水中的砷含量增加，有时高达50 mg/L以上。

10. 生活污水

生活污水的水质成分主要取决于居民的生活状况、生活习惯以及生活水平（如用水量等），它往往含有大量的有机物，如蛋白质、油脂和碳水化合物等。若将其排入天然水体中，会使水中*COD*剧增，甚至引起富营养化。

11. 凝汽器、冷却塔冲洗废水

凝汽器在运行中，可在铜管（或不锈钢管）内形成垢或沉积物，若在停机检修期间用清洗剂清洗，也会产生一定的废水。这部分废水的pH值、悬浮物、重金属、*COD*等指标往往不合格。

冷却塔的冲洗废水主要含有泥沙、有机物、氯化物（加Cl_2）、黏泥等，将它排入天然水体中，会使有机物含量增加，浊度上升。

12. 煤场排水和输煤系统冲洗排水

这种废水中的污染物主要是煤的碎末及其污染物，外观呈黑色或暗褐色，悬浮固体和*COD*两个指标都较大，而且还含有一定数量的焦油成分（如酚）及少量重金属。煤场排水通常呈酸性，其pH值在3.0左右，这主要是因为煤中含有的硫化物所致。由于这种废水呈酸性，因此煤中的一些元素如铁、砷、锰及氟化物等也会在水中溶解。这种废水排入天然水体中，不仅增加水体的悬浮物、*COD* 和重金属离子，而且会改变水的 pH 值。

第二节　火力发电厂的废水处理

一、废水处理方法

废水中污染物的处理方法很多，但按其处理的本质，通常可分为三大类：

1. 稀释处理

稀释处理虽然不是把污染物从废水中分离出来，也不改变污染物的化学本性，但它通过混合稀释，可降低污染物的浓度，达到减少毒害的作用。所以稀释处理一般是利用高浓度废水与低浓度废水（或天然水体）的混合稀释作用，使废水中污染物的浓度降低到某一无害的允许范围之内，以满足排放标准的要求，但这种处理方法一般不提倡。

2. 转化处理

转化处理是通过化学或生物化学作用，改变污染物的化学本性，使其转化为无害的物质或可从水中分离的物质。为此，它分为化学转化处理和生物转化处理两种类型。

化学转化处理又分为 pH 值调节法、氧化还原法和化学沉淀法等。

1）pH 值调节法。

若向废水中投加酸性或碱性物质，使 pH 值调节至排放要求（pH 值 =6.0 ~ 9.0），其称为中和处理；若向废水中投加碱提高 pH 值或投加酸降低 pH 值，分别称其为碱化处理或酸化处理。

2）氧化还原法。

它是向废水中投加氧化剂或还原剂，使之与污染物发生氧化还原反应，并令污染物变为无害的或低毒的新物质。

3）化学沉淀法。

它是向废水中投加沉淀剂，使之与废水中某些溶解态的污染物生成难溶的沉淀物，进而从水中分离出来。

生物转化处理又有好氧生物转化处理和厌氧生物转化处理两种。

1）好氧生物转化处理。

它是在有溶解氧的条件下，利用好氧微生物和兼性微生物的生物化学反应，将其废水中的有机污染物转化或降解为简单的、无害的无机物。

2）厌氧生物转化处理。

它是在无溶解氧的条件下，利用厌氧微生物和兼性微生物化学反应，转化或降解废水中有机污染物。

除上述两种转化处理外，还有向废水中投加强氧化剂、重金属离子等药剂或利用高温、紫外光、超声波等能源抑制和杀死致病微生物，这种方式称为消毒转化处理。

3. 分离处理

废水中的污染物按其颗粒大小不同，可分为四种存在形态：悬浮物、胶体、分子和离子。颗粒大小不同，周围各种外力对其产生的效果也不同，所以分离方法也不同。

1）悬浮物分离法。

2）胶体分离法。

3）分子分离法。

4）离子分离法。

二、废水处理的工艺流程

由于废水的性质和成分比较复杂，往往只经过某一单元设备达不到处理要求，因此需要将几种单元设备组合成一个有机的整体，并合理地设计主次关系和前后次序，才能最有效、最合理地达到处理目的，这种由单元设备组合的有机整体称为废水处理的工艺流程。

一般来讲，城市生活污水水质成分比较稳定，而工业废水的水质则千差万别，处理后的要求也不完全相同，但它们的处理工艺流程有许多形似之处。按其处理后对水质的要求不同归纳为以下三级处理。

1. 一级处理

一级处理的主要对象是颗粒较大的悬浮物，采用的单元处理设备有格栅、沉砂池、沉淀池、澄清池、过滤池等。为了提高处理效果，往往配合混凝处理，这时不仅能除去悬浮物，也能除去一部分胶体和有机物。

2. 二级处理

二级处理也称为生物转化处理，处理的主要对象是胶体态和溶解态的有机物，采用的单元处理设备有曝气池（或生物滤池）和二次沉淀池等。二级处理一般用于处理含有机物较高的城市生活污水或工业废水。

3. 三级处理

三级处理的主要对象是营养性物质（如N、P）及其他溶解性物质，采用的单元处理操作有离子交换、吸附、萃取、反渗透、消毒等。三级处理一般用于水质要求较高，一、二级处理达不到要求的情况下。

三、生活污水或工业废水处理工艺流程举例

1. 城市生活污水处理工艺流程

生活污水经过格栅、沉砂池和沉淀池三个处理单元，主要除去颗粒较大的悬浮固体，使水中悬浮固体含量明显降低，并达到一定程度的澄清。若这时再配合混凝处理，还可通过沉淀池除去一部分胶体和有机物。如上所述，这一阶段被称为一级处理。

此时，生活污水中还含有大量溶解性的蛋白质、脂肪和碳水化合物等营养成分，使水的 *COD* 指标远远超过排放标准，采用生物曝气池或生物滤池及二次沉淀池等处理单元，利用生物转化作用，可使 *COD* 指标明显的降低。在生物转化过程中产生的污泥，一部分回流重复利用，一部分再经过消化转化处理。因此，这一阶段除去的主要是有机物（*COD*），其被称为二级处理。

当水质要求较高，还需除去水中的溶解性物质（如气体、盐类等）时，还需再通过离子交换、吸附、萃取、反渗透、消毒等单元进一步处理，这一阶段被称为三级处理或深度处理。

2. 火力发电厂工业废水处理的工艺流程

如上所述，火力发电厂是用水量很大的企业之一，在生产过程中会产生各种废水，它可分为两种类型：一种是经常性废（排）水，因这部分废水是随日常生产和生活排放的，所以其水量和水质相对比较稳定；另一种是非经常性废（排）水，因其是在设备启动、检修、清洗时排放的，所以不仅水量变化大、排放时间集中，而且水质也常因机组容量的大小和生产工艺的不同而有所差异。经常性废（排）水包括锅炉补给水处理的再生、冲洗废水，凝结水精处理的再生、冲洗废水，取样排水，锅炉排水，澄清过滤设备排放的泥浆废水，主厂房生产排水，生活污水等。非经常性废（排）水包括锅炉清洗废水，锅炉排放污水，锅炉烟侧的冲洗废水，除尘器洗涤废水，冷却塔排污水及冲洗水，煤场废水等。

目前设计采用的工艺流程有二种：一种叫分散处理系统；另一种叫集中处理系统。

1）分散处理系统。

这种处理系统是根据所产生的废水水量就地设置废水储存池，池内设置机械搅拌曝气装置或压缩空气系统。根据水质情况在池内直接投加所需的酸、碱及氧化剂等药剂，废水在此处理达到标准后或回收利用或排入天然水体（或灰场）。

这种处理系统的特点是：基建投资省、占地面积小、使用灵活、检修和维护工作量少，比较适合于燃煤电厂，特别是采用水力冲灰的电厂。

2）集中处理系统。

这种处理系统是将全厂各种工业废水分别收集、储存，根据水质情况选用一定的工艺流程集中进行处理，使水质达到标准后排放。

① 经常性废水的工艺流程如图 6－1 所示。

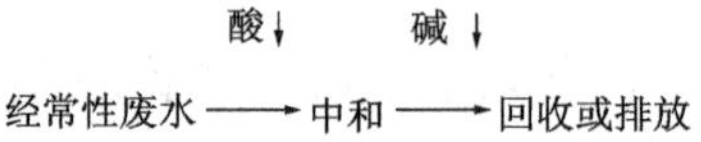

酸↓　　碱↓

经常性废水 ——→ 中和 ——→ 回收或排放

图 6－1　经常性废水的工艺流程

② 非经常性废水的工艺流程如图 6－2 所示。

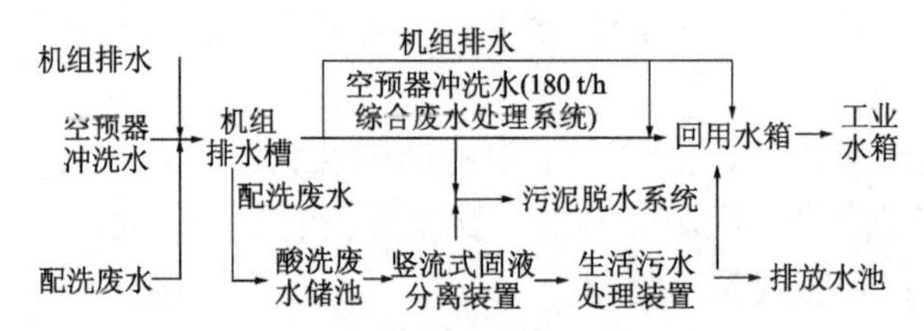

图 6－2　非经常性废水的工艺流程

这种处理系统的特点是：废水经过处理后水质优良，设备集中便于管理和实现自动化；缺点是：基建投资多，设备利用率低，维修工作量也大。

在这种工艺流程中，由澄清设备排出的泥浆废水和除盐设备排出的冲洗、再生废水是一种经常性废水，一般只含有碱性物质或酸性物质及一些中性盐类，所以应首先排入 pH 值调整槽，在此投加碱性或酸性药剂调节至合适 pH 值范围。同时投加铝盐混凝剂，此时便会逐步形成许多块状絮凝体。进入混合槽后再投加助凝剂，使絮凝体进一步长大，并流入澄清池。上部澄清水用泵送入过滤器，进一步降低悬浮物之后流入最终中和槽，此时再次投加碱性或酸性物质，使 pH 值调节至 6.0～9.0，最后排入天然水体。

由澄清池底部排出的泥浆废水（含泥 2%），用排泥泵送入浓缩槽，浓缩至 4% 左右之后，再用泥浆泵送入离心脱水机制成滤饼，定期运出。

对于含铁量或含氨量较高的非经常性废水，应首先由储槽送至氧化槽，用酸或碱调节 pH 值后，投加氧化剂，并在反应槽内进行氧化反应，然后送入 pH 值调整槽，按以上工艺再进一步处理。

对化学清洗过程中排出的非经常性废水，由于 *COD* 达 500 mg/L 以上，需进行特殊的氧化处理，即首先在排水槽内进行 1～2 天的曝气氧化，然后再投加碱性药剂和 *COD* 降低剂，并进一步曝气氧化 10 h，最后再按经常性废水进行常规处理。

以上两种废水（生活污水）的工艺流程说明：由于废水水质复杂，因此处理时所用的设备单元和工艺流程各不相同，但其处理的基本原理有许多共同之处。

第三节　火力发电厂的废水处理技术

一、含油废水的处理

含油废水通常采用浮力浮上法进行分离。所谓浮力浮上法，就是借助水的浮力使废水中密度小于或接近于1的固态或液态污染物浮出水面而加以分离的处理技术。按其污染物的性质和处理原理不同，浮力浮上法又分为自然浮上法、气泡浮上法和药剂浮选法三种。

1. 自然浮上法

自然浮上法是利用油与水之间自然存在的密度差，让其上浮到水面而加以去除的方法，它分离的对象是废水中直径较大的粗分散性可浮油粒，采用的主要设备是隔油池。

其工艺流程是：废水首先进入配水槽，通过布水隔板上的小孔从挡油板下面进入池内，在废水向前推流的过程中可浮油粒一边随水流前进一边上浮，上浮到水面上的油粒，被回转链带式刮油机推至集油管排出，而相对密度大于1.0的重质油和悬浮固体则沉向池底由排渣管排出，澄清后的水流入出水槽排出。

据有关资料介绍，这种隔油池可除去的最小油粒一般不小于100～150 μm，除油率在70%以上。

试验证明，仅用这种简单的隔油池处理火力发电厂含油（燃料、润滑油）废水时，虽然它有设备结构简单、处理效果稳定和便于管理的优点，但其出水水质往往达不到排放标准。近年来，又根据浅层低沉降分离原理设计了一种在分离区设置波纹斜板的割离池，其结构与斜板（管）沉降池相似，它所分离的油珠颗粒直径为60 μm，而且停留时间可降到30 min。也有电厂利用隔油池先进行粗分离和浮选处理，最后再进行生物转化处理或活性炭吸附处理，从而使出水水质提高，达到排放要求。

2. 气泡浮上法

气泡浮上法简称气浮，它是利用高度分散的小气泡黏附于废水中的污染物上，并使之随气泡上浮到水面而加以去除的一种工艺。所以实现气浮处理的必要条件是使污染物能黏附于气泡上。

在废水处理中采用的气浮法，按气泡产生的方式不同可分为充气气浮、电解气浮和溶气气浮三种类型。

1）充气气浮是利用扩散板或微孔布气管向气浮池内通入压缩空气，也可利用水利喷射器和高速旋转叶轮向水中充气。

2）电解气浮是利用水的电解和有机物的电解氧化作用，在电极上析出细小气泡（如 H_2、O_2、CO_2、Cl_2等）而分离废水中疏水性污染物的一种方法。

3）溶气气浮是使空气在一定的压力下溶于水中并呈饱和状态，然后使废水压力突然降低，这时空气便以微小气泡的形式从水中析出并进行气浮。根据气泡从水中析出时所处的压力不同，溶气气浮又分为两种方式：一种称真空溶气气浮，它是将空气在常压或加压下溶于水中，而在负压下析出；另一种称加压溶气气浮，它是将空气在加压下溶于水中，而在常压下析出。前者的优点是：气浮池在负压下进行，空气在水中易呈过饱和状态，而且气泡直径小、溶气压力较低；缺点是：气浮池构造需要密闭，运行管理有一定困难。

溶气气浮在含油废水处理中，通常作为隔油池处理后的补充处理或生物处理前的预处理。若经隔油池处理后出水含乳化油为 50 ~ 60 mg/L 时，再经混凝和气浮处理后可降至 10 ~ 30 mg/L。

3. 药剂浮选法

药剂浮选法是向废水中投加浮选药剂，选择性地将亲水性油粒转变为疏水性，然后再附着在小气泡上，并上浮到水面加以去除的方法，它分离的主要对象是颗粒较小的亲水性油粒。

如上所述，火力发电厂的含油废水，经隔油板和气浮处理之后，有时仍达不到排放标准，这时还应采用生物转化进一步降低油污染物的含量，图 6 - 3 所示就是某电厂处理含油废水的工艺流程。

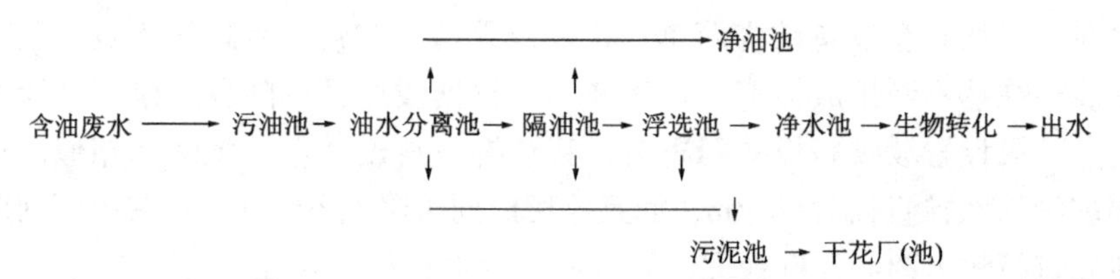

图 6 - 3　某电厂含油废水的处理工艺

在生物转化处理中，目前采用生物转盘的方式较多，有关生物处理方面的内容将在生活污水处理中介绍。

二、化学水处理酸、碱废水

如前所述，化学水处理酸、碱废水是阳树脂和阴树脂再生工艺的必然产物。由于这种酸性废水的含酸量一般为3% ~5%，碱性废水的含碱量一般为1% ~3%，所以回收的价值不大，大多是采用自行中和法进行处理。

虽然这两种废水都是在化学水处理车间内产生的，但两者往往不是同时产生的。因此，要想利用自行中和的方式就必须设置中和池，即先将酸性废水（或碱性废水）排入池内，然后再将碱性废水（或酸性废水）排入，搅拌中和，使pH值达到6 ~9后排放。为了达到有效中和，必须设置合理的中和设备。

中和池或pH值调整池的水容积应不小于一台最大的阳离子交换设备和一台最大的阴离子交换设备一次再生全过程所排放的酸、碱性废水的总和。在水处理设备台数较多的情况下，中和池的水容积应不小于两台阳、阴离子交换设备再生所排出废水的总和。这样就能使阳、阴离子交换设备不同时再生，而且在同一时刻内有两台阳离子或两台阴离子交换设备相继再生时，仍能保证酸性废水和碱性废水的充分混合。

目前设计的中和池大都是水泥构筑物，内补防腐层（如花岗岩）。另外，由于化学除盐工艺上的特点，一般酸性废水的总酸量总是大于碱性废水的总碱量。为了中和这部分剩余的酸量，有的厂向中和池内投加碱性药剂（如CaO等），有的厂将中和后的酸性废水排入冲灰系统，也有的厂采取加大阴树脂再生剂用量的办法。

如某电厂由于水处理设备较多，在设备中采用了废酸缓冲池（2 ×300 m^3），废碱缓冲池（2 ×400 m^3），pH值调整池，混合池（200 m^3、2 m^3的酸、碱溶液箱各一只），罗茨风机三台，各池内均设有空气搅拌管装置，另外设有低位废酸、碱泵房一座，内设卧式酸、碱泵各三台（其容量为120 ~200 m^3/h）和中和排水泵三台（容量为240 ~400 m^3/h）。

所以，化学车间酸、碱废水的原则性流程如图6 –4所示。

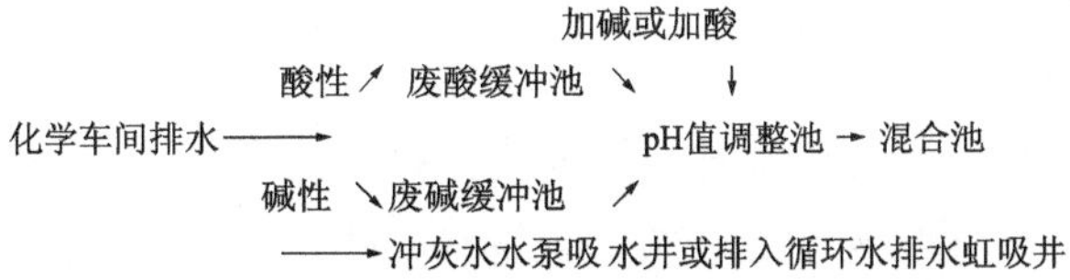

加碱或加酸
酸性 ↗ 废酸缓冲池 ↘ ↓
化学车间排水 ——→ pH值调整池 → 混合池
碱性 ↘ 废碱缓冲池 ↗
——→ 冲灰水水泵吸水井或排入循环水排水虹吸井

图6 –4　化学车间酸、碱废水的原则性流程

化学水处理酸、碱废水除采用自行中和外，还可采用弱酸型阳树脂处理。

这种处理方式是将化学水处理车间产生的酸性废水和碱性废水交替通过弱酸性阳离子交换树脂，处理后可使两种废水的 pH 值控制在 6 ~9 之间，而且合格率可达到 80% 以上。

三、锅炉化学清洗废水的处理

1. 除去重金属离子和悬浮固体

因为锅炉设备的化学清洗目的在于除去锅炉金属受热面上的沉积物，所以在这种废水中所含的重金属离子多半是铁，而且是以 Fe^{2+} 的形态存在，如采用化学沉淀的方法除去，就必须首先调节废水的 pH 值，破坏重金属离子与清洗药剂的络合物，然后再加入沉淀剂，使金属离子以氢氧化物的形式沉降并与废水分离。

金属离子能否生成难溶的氢氧化物沉淀，取决于金属离子的浓度和 pH 值。根据金属氢氧化物 $M(OH)_n$ 沉淀 - 溶解平衡，以及水的离子积 $K_w = [H^+][OH^-]$，各种金属离子的溶解度与 pH 值之间的关系为：

$$[H^+] = \frac{K}{[OH^-]} = \frac{10^{-14}}{(K_{sp}/[M^{n+}])^{1/n}}$$

即可通过以上关系，算出将某一浓度的某种金属离子生成氢氧化物沉淀所需的 pH 值。

处理中所投加的沉淀剂为各种碱性物质，常用的有石灰和氢氧化钠等。为使 Fe^{2+} 向 Fe^{3+} 转变，有时需通空气搅拌，使金属离子以 $Fe(OH)_3$、$Fe(OH)_2$、$Cu(OH)_2$的形态沉淀分离，与此同时废水中的悬浮固体物也随之除去。

化学清洗中，由于采用的清洗剂不同，各种重金属离子所生成的络合物也不同，因此需把产生氢氧化物沉淀所需的 pH 值调节到 10.5 ~11.0 时，才能使 Fe^{2+}、Cu^{2+}、Zn^{2+}等发生沉淀；当用柠檬酸作清洗剂时，只有将 pH 值调节到 10.0 时，才能使柠檬酸铁络合物破坏。而 pH 值调节到 11.0 时，才能使 Fe^{3+}的 EDTA 络合物破坏。pH 值提高到 13.0 以上时，Fe^{2+}的 EDTA 络合物被破坏。

2. 除去 *COD*

（1）氧化法

这种方法是先将清洗废水排入储水池，并投加强氧化剂如 H_2O_2、次氯酸钠、次氯酸钙和过硫酸铵等进行氧化。然后再进行生物转化，最后排入灰厂。如某电厂利用石灰和次氯酸钠处理柠檬酸废水，结果使 *COD* 除至 500 mg/L 左右。这种处理方式的工艺流程如图 6 -5 所示。

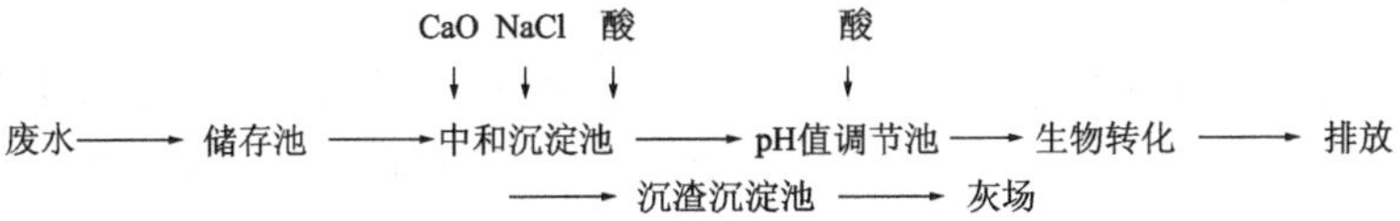

CaO NaCl 酸　　　　酸

废水 → 储存池 → 中和沉淀池 → pH值调节池 → 生物转化 → 排放

→ 沉渣沉淀池 → 灰场

图 6-5　除去 *COD* 的氧化法工艺流程

（2）焚烧法

当用有机酸（如氨化柠檬酸）作清洗剂时，便产生有机酸废水，其中 *COD* 含量高达每升几千甚至上万毫克，这时可采用焚烧法。它是先将有机酸废水的 pH 值调节到 8～9，然后通过焚烧泵与喷嘴把废水喷入炉膛内焚烧。废水中的有机酸物在炉内 1 000℃高温下，迅速分解成二氧化碳和水蒸气，而与有机物络合的重金属则变成简单的金属氧化物。这些金属的氧化物绝大部分留在炉内，通过排灰系统排入排灰场，只有一部分随炉烟排入大气。试验与实践表明，喷嘴宜安装在锅炉燃烧器上面，并伸出水冷壁管 100～200 mm，以使废水喷入火焰中心处，废水注入率控制在锅炉蒸发量的 0.5% 以下，对锅炉燃烧和周围环境均无不良影响。

3. 氢氟酸废液处理的新工艺

氢氟酸与盐酸、硫酸、硝酸、柠檬酸及 EDTA 等清洗剂相比较，它不仅能溶解硅酸盐垢，而且能加速 $\alpha-Fe_2O_3$ 和磁性氧化铁溶解的能力，所以能较彻底地清洗锅炉管内壁上的轧钢鳞皮、铁锈、水垢等附着物。这是因为当氢氟酸与磁性氧化铁接触时，一面进行氟－氧交换，一面进行 F^- 的络合反应。因为 F^- 有一对弧电子，所以很容易填入以 Fe^{3+} 为中心离子的价电子层中的空穴轨道，形成 α 配价键络合物（铁－铁－冰晶石）。反应式为：

$$2Fe^{3+}+6F^- \rightarrow Fe(FeF_6)$$

从而使氢氟酸有溶垢能力强的特点。但氢氟酸最大的缺点是废液不易处理。

氢氟酸废液目前大都采用石灰处理：

$$2HF+Ca(OH) \rightarrow CaF_2+2H_2O$$

试验表明，当石灰的加入量为氢氟酸的 2～2.3 倍时，才能使废液中的 F^- 降至 10 mg/L 以下。

在上述工艺中，有的厂设计了两个 3 000 m^3 的钢制废液处理罐、内衬环氧树脂防腐层，涂层为 6 层。当氢氟酸废液往处理罐排放时，同时投加含 CaO 大于 50% 以上的石灰，剂量为氢氟酸的 2.3 倍，边加边循环，循环泵采用立式泥渣泵（$Q=350$ t/h，$P=2.7$ MPa），并通入 0.3～0.4 MPa 压缩空气搅拌。待废液处理至 $F^-<20$ mg/L 时，加入混凝剂处理，这时 F^- 可降至 5～6 mg/L 以下、pH 值≈6.8 左右，满足排放标准要求。

4. 停炉保护废水的处理

目前国内采用的停炉保护法中，有的采用热炉放水的烘干法和充气（氮气）法，这些方法不会产生停炉保护废水。但也有不少电厂采用联氨或氨满水保护法，而这样，在锅炉启动时，便会排出含有大量含氨和联氨的停炉保护废水。处理这种废水宜采用氧化法。常用的氧化剂是 NaOCl、$CaOCl_2$和液态氯，化学反应为：

$$2NH_3 + CaOCl_2 + H_2O \rightarrow Ca(OH)_2 + 2NH_4Cl$$

$$N_2H_4 + 2CaOCl_2 \rightarrow CaCl_2 + N_2 + 2H_2O$$

$$N_2H_4 + 2NaOCl \rightarrow 2NaCl + N_2 \uparrow + 2H_2O$$

$$NH_3 + Cl_2 \rightarrow NH_2Cl + HCl$$

$$2NH_2Cl + Cl_2 \rightarrow N_2 + 4HCl$$

由上述反应可知，分解 1 份联氨需消耗 8 份 100% 浓度的 $CaOCl_2$，在实践中，$CaOCl_2$的必需量可按下式计算：

$$Q_{CaOCl_2} = 0.8CV/K \text{（kg）}$$

式中，C——钝化废水中 N_2H_4的浓度（mg/L）；

V——钝化废水的总体积（m^3）；

K——工业产品中生氯的浓度（mg/L）。

而且，在 N_2H_4分解的同时，氨也被破坏形成氯胺，并进而分解成氮气和氯化氢。液氯投加量的控制是使出水中有少量过剩氯为止。

据有关资料介绍，在碱性条件下，联氨可被空气中的氧氧化，如当碱的浓度为 0.4% 时，联氨可在 15 min 内全部被氧化。为此，可将联氨废水排入冲灰系统中，利用灰中的碱性物质和溶解氧对 N_2H_4进行氧化分解。试验表明，当联氨废水与灰的比例为 10∶1 时，在搅拌条件下，只需 1 ~4 h 就可达到完全无害化的程度。

四、冲灰废水的处理

1. 除去冲灰废水中的悬浮物

冲灰废水中的悬浮物含量主要与灰场（沉淀池）大小等因素有关。灰厂相当于一个大型沉淀池，如果冲灰废水在其中的停留时间足够长，可使灰场溢流水的悬浮物含量小于排放标准。在厂内设置沉淀池时，灰水在其中经过初步沉淀后打入灰场，必要时在沉淀池中投加一定量的混凝剂，沉淀池的容积应保证灰场溢流水的悬浮物含量符合排放标准。

有些电厂的灰场溢流水悬浮物超标，主要是由于灰场容积大小，排水口采用的是竖井式或斜板式溢流口，其水泥构筑物未及时加高，以及不能有效地拦截悬浮物（如空心漂珠）所致。这时如采用合理的设计方案（如在竖井周围堆积砾石过滤层或增高竖井虹吸排水口等）就可使悬浮物含量降至排放标准以下。

2. 冲灰废水的 pH 值

冲灰废水的 pH 值也是与煤质、冲灰水的水质、防尘方式和冲灰系统有关。当煤中含硫量比较高（如大于 3% 以上），冲灰水的碳酸盐量比较低（如低于 2.0 mmol/L 以下），即煤灰中游离的 CaO 含量低，而且采用水膜或文丘里湿式除尘时，往往会造成灰场溢流水的 pH 值低于排放标准。相反，当煤中碱性物质（如 CaO）的含量和冲灰水中的碳酸盐含量都比较高，而且采用旋风分离或静电干式除尘时，往往造成灰场溢流水的 pH 值高于最高允许排放标准。灰场溢流水的 pH 值超标，虽然可采用中和法加以解决，但由于水量大，消耗酸、碱量比较多，而受到一定限制。

3. 冲灰水管的防垢

如前所述，当灰与水接触时，由于灰中的钙离子迅速溶出，与冲灰用水中的碳酸盐反应，很快形成碳酸盐垢析出。所以其结垢速度除与灰中溶出钙离子量有关外，还与冲灰用水中的碳酸盐含量和冲灰水的 pH 值有关。如果在冲灰水中还排入除盐设备的再生废水和含碱性物质较高的其他废水（如预处理设备排水），其结垢速度会更快。致使有的电厂冲灰管道运行不到一年就必须清洗除垢。

冲灰水管道结垢是一种普遍的现象，但比较理想的防垢方法并不多，除在大型沉淀池中让其结垢物质析出外，就是降低冲灰用水的碳酸盐的含量或者是定期地排入一些废弃的酸性废水（如离子交换设备的再生废水），当然也可以进行定期清洗。

回收冲灰场的溢流水用于再冲灰，可减少对环境的污染，这是目前提倡采用的一种节水措施。冲灰场的回水管结垢和其他水垢及沉淀物沉于灰场底部，其水质虽然比较好，但往往 pH 值和钙离子含量偏高，pH 值达到 10 以上时，一旦与大气接触或与含碳酸盐的水接触，会很快结出碳酸盐水垢，所以灰水管结垢也是比较普遍的。防止灰水管结垢，除在灰场附近设计加酸系统向其加入一定量的酸以外，投加少量的阻垢剂也是一种有效的方法。

目前投加到回水系统中的阻垢剂与加入循环冷却水中的阻垢缓蚀剂相似，除一些磷系化合物之外还有一些分散剂。这种阻垢剂目前都是一些商品代号（如 KD102 等），尚无统一的产品质量标准，只是一些企业标准，如要求固含量或有效含量大于 30%，另外还要求一定的 pH 值和密度等。加药量一般控制在 2 ~9 mg/L，具体应由试验确定。

4. 除去冲灰废水中的氟

有的煤中有一定量的氟化物，煤粉在锅炉燃烧时，煤中的氟化物分解，并形成 HF 和 SiF_4 等酸性气体。这些气体与飞灰一起进入烟气湿式除尘设备中，从而转入湿灰和冲灰水中，只有一少部分随烟气排入大气。

HF 气体溶于水后形成氢氟酸：

$$HF \rightarrow H^+ + F^-$$

SiF_4 气体溶于水后形成氟硅酸：

$$3SiF_4 + 2H_2O \rightarrow SiO_2 + 2H_2SiF_6$$

或

$$SiF_4 + 2HF \rightarrow H_2SiF_6$$

$$H_2SiF_6 + 6OH^- \rightarrow 6F^- + H_4SiO_4 + 2H_2O$$

由于氟的钙盐溶解度较小，因此采用化学沉淀的方法除去，常用的沉淀剂为石灰乳。具体反应如下：

$$CaO + H_2O \rightarrow Ca\ (OH)_2 \rightarrow Ca^{2+} + 2OH^-$$

$$Ca^{2+} + 2F^+ \rightarrow CaF_2 \downarrow$$

经石灰沉淀处理后，水中残余的总含氟量只与水中钙离子浓度和水的 pH 值有关，而且钙离子浓度的影响比 pH 值大。

采用石灰沉淀法除 F^-，理论上可以使水中 F^- 浓度降至 10 mg/L 以下，满足排放标准的要求。但实际上，水中残余的 F^- 的浓度往往为 15 ~ 20 mg/L，这可能是由于在反应中 CaO 颗粒表面上会很快生成一层氟化钙壳使 CaO 的利用率降低，而且刚生成的 CaF_2 为胶体状沉淀，很难靠自身沉降分离的原因。为此，提出二级深度处理的工艺流程。所谓二级深度处理就是以经石灰乳或可溶性钙盐沉淀处理后的澄清水为对象，对其进一步进行深度处理，将水中总的 F^- 浓度降至 10 mg/L 以下。

目前采用的二级深度处理有混凝沉淀法、磷化钙法、活性氧化铝法、粉煤灰法和电解法等。

在上述深度除氟过程中，有人以灰场溢流水为处理对象，在灰场溢流排放口处进行絮凝沉降，也有人以冲灰水为处理对象，在冲灰泵入口及管道内进行絮凝、吸附、并在灰场内沉降，可见后者具有操作、管理方便的优点。

5. 除去冲灰废水中的重金属

如前所述，冲灰废水中还含有一定量的砷重金属和铬等。除去水中重金属的方法很多，常用的有氢氧化物沉淀、硫化物沉淀法、氧化还原法和离子交换法等，但其中以氢氧化物法应用最广。目前，湿式除尘器的冲灰废水中重金属超标较多，而干式除尘器的冲灰废水中超标较少。

案例分析　废水分析

任务一　高氯废水化学需氧量的测定（碘化钾碱性高锰酸钾法）

一、范围

本方法适用于油气田和炼化企业氯离子含量高达每升几万至十几万毫克的高氯废水化学需氧量（*COD*）的测定。该方法的测定下限为0.20 mg/L，测定上限为62.5 mg/L。

二、术语与定义

1）高氯废水。

氯离子含量大于1 000 mg/L的废水。

2）$COD_{OH \cdot KI}$。

在碱性条件下，用高锰酸钾氧化废水中的还原性物质（亚硝酸盐除外），氧化后剩余的高锰酸钾用碘化钾还原，根据水样消耗的高锰酸钾的量，换算成相对应氧的质量浓度，记为$COD_{OH \cdot KI}$。

3）*K*值。

碘化钾碱性高锰酸钾法测定的样品氧化率与重铬酸盐法（GB 11914—1989）测定的样品氧化率的比值。

三、原理

在碱性条件下，加一定量高锰酸钾溶液于水样中，并在沸水浴上加热反应一定时间以氧化水中的还原性物质。加入过量的碘化钾还原剩余的高锰酸钾，以淀粉做指示剂，用硫代硫酸钠滴定释放出的碘，并换算成氧的浓度，用$COD_{OH \cdot KI}$表示。

四、试剂

除特殊说明外，所用试剂均为纯水试剂，所用纯水均指不含有机物的蒸馏水。

（1）不含有机物的蒸馏水

向2 000 mL蒸馏水中加入适量碱性高锰酸钾溶液，进行重蒸馏，蒸馏过程中，溶液应保持浅紫红色。弃去前100 mL馏出液，然后将该馏出液收集在具塞磨口玻璃瓶中。待蒸馏器中剩下约500 mL溶液时，停止收集馏出液。

（2）硫酸（H_2SO_4）

密度$\rho = 1.84$ g/mL。

（3）硫酸溶液

溶液标准为H5。

（4）50%浓度的氢氧化钠溶液

称取50 g氢氧化钠（NaOH）溶于水中，用水稀至100 mL，储于聚乙烯瓶中。

（5）高锰酸钾溶液（$C=0.05$ mol/L）

称取1.6 g高锰酸钾溶于1.2 L水中，加热煮沸，使体积减少到约1 L，放置12 h，用G-3玻璃砂芯漏斗过滤，滤液储于棕色瓶中。

（6）10%浓度的碘化钾溶液

称取10.0 g碘化钾（KI）溶于水中，用水稀释至100 mL，储于棕色瓶中。

（7）重铬酸钾标准溶液（$C=0.025\ 0$ mol/L）

称取于105℃~110℃下烘干2 h，并冷却至恒重的优级纯重铬酸钾1.225 8 g，溶于水中，移入1 000 mL容量瓶中，用水稀释至标线，摇匀。

（8）1%浓度的淀粉溶液

称取1.0 g可溶性淀粉，用少量水调成糊状，再用刚煮沸的水冲稀至100 mL。冷却后，加入0.4 g氯化锌防腐或临用时现配。

（9）硫代硫酸钠溶液（$C\approx0.025$ mol/L）

称取6.2 g硫代硫酸钠（$Na_2S_2O_3\cdot5H_2O$）溶于煮沸放冷的水中，加入0.2 g碳酸钠，用水稀释至1 000 mL，储于棕色瓶中。

使用前用0.025 0 mol/L重铬酸钾标准溶液标定，标定方法如下：

在250 mL碘量瓶中，加入100 mL水和1.0 g碘化钾，加入0.025 0 mol/L的重铬酸钾溶液10.00 mL、再加（1+5）比例的硫酸溶液5 mL并摇匀，于暗处静置5 min后，用待标定的硫代硫酸钠溶液滴定至溶液呈淡黄色，加入1 mL淀粉溶液，继续滴定至蓝色刚好褪去为止，记录用量。按下式计算硫代硫酸钠溶液的浓度：

$$C=\frac{10.00\times0.025\ 0}{V}$$

式中，C——硫代硫酸钠溶液的浓度（mol/L）；

V——滴定时消耗硫代硫酸钠溶液的体积（mL）。

（10）30%浓度的氟化钾溶液

称取48.0 g氟化钾（$KF\cdot2H_2O$）溶于水中，用水稀释至100 mL，储于聚乙烯瓶中。

（11）4%浓度的叠氮化钠溶液

称取4.0 g叠氮化钠（NaN_3）溶于水中，稀释至100 mL，储于棕色瓶中，暗处存放。

五、仪器

1）沸水浴装置。
2）碘量瓶，250 mL。
3）棕色酸式滴定管，25 mL。
4）定时钟。
5）G－3 玻璃砂芯漏斗。

六、样品的采集与保存

将水样采集到玻璃瓶后，应尽快分析。若不能立即分析，应加入硫酸调节 pH 值<2，并在4℃下冷藏保存，并在 48 h 内测定。

七、样品的预处理

1）若水样中含有氧化性物质，应预先在水样中加入硫代硫酸钠去除。

方法是：先移取 100 mL 水样于 250 mL 碘量瓶中，加入 50% 氢氧化钠 0.5 mL溶液，摇匀。加入 4%叠氮化钠溶液 0.5 mL，摇匀后按下文步骤的 4）至步骤 6）测定。同时记录硫代硫酸钠溶液的用量。

2）另取水样，加入 1）中硫代硫酸钠溶液的用量，摇匀，静置。

八、干扰的消除

水样中含 Fe^{3+} 时，可加入 30% 浓度的氟化钾溶液消除铁的干扰，1 mL 30% 氟化钾溶液可掩蔽 90 mg Fe^{3+}。溶液中的亚硝酸根在碱性条件下不被高锰酸钾氧化，在酸性条件下可被氧化，加入叠氮化钠可消除干扰。

九、步骤

1）吸取 100 mL 待测水样（若水样 $COD_{OH\cdot KI}$高于 12.5 mg/L，则酌情少取，用水稀释至 100 mL）于 250 mL 碘量瓶中，加入 50% 浓度的 NaOH 溶液 0.5 mL，摇匀。

2）加入 0.05 mol/L 高锰酸钾溶液 10.00 mL，摇匀。将碘量瓶立即放入沸水浴中加热 60 min（从水浴重新沸腾起计时）。沸水浴液面要高于反应溶液的液面。

3）从水浴中取出碘量瓶，用冷水冷却至室温后，加入 4% 叠氮化钠溶液 0.5 mL，摇匀。

4）加入 30% 氟化钾溶液 1 mL，摇匀。

5）加 10% 碘化钾溶液 10.00 mL，摇匀。加入（1＋5）硫酸 5 mL，加盖摇匀，暗处置 5 min。

6）用 0.025 mol/L 硫代硫酸钠溶液滴定至溶液呈淡黄色，加入 1 mL 淀粉溶液，继续滴定至蓝色刚好消失，尽快记录硫代硫酸钠溶液的用量。

7）空白试验：另取100 mL水代替试样，按照步骤1）至6）做全程序空白试验，记录滴定消耗的硫代硫酸钠溶液的体积。

十、结果的表示

水样的$COD_{OH\cdot KI}$按下式计算：

$$COD_{OH\cdot KI}\ (O_2,\ mg/L) = (V_0 - V_1) \times C \times 8 \times 1\,000/V$$

式中：V_0——空白试验消耗的硫代硫酸钠溶液的体积（mL）；

V_1——试样消耗的硫代硫酸钠溶液的体积（mL）；

C——硫代硫酸钠溶液浓度（mol/L）；

V——试样体积（mL）；

8——氧的摩尔质量的一半（g/mol）。

十一、精密度

八个试验室对COD_{Cr}为72.0～175 mg/L（$COD_{OH\cdot KI}$含量为39.1～95.0 mg/L）、氯离子浓度为5 000～120 000 mg/L的六个统一标准样品进行测定，各试验室内部的相对标准偏差为0.4%～5.8%，试验室间的相对标准偏差为4.6%～9.6%。

十二、注意事项

1）当水样中含有悬浮物质时，摇匀后分取。

2）水浴加热完毕后，溶液仍应保持淡红色，如变浅或全部褪去，说明高锰酸钾的用量不够。此时应将水样再稀释后测定。

3）若水样中含铁，在加入（1+5）比例的硫酸酸化前，加30%氟化钾溶液去除铁。若水样中不含铁，可不加30%氟化钾溶液。

任务二　生化需氧量（BOD_5）的测定

生活污水与工业废水含有大量有机物，这些有机物在水体中分解时要消耗大量溶解氧，从而破坏水体中氧的平衡，使水质恶化。

生化需氧量是属于利用水中有机物在一定条件下所消耗的氧来表示水体中有机物的含量的一个重要指标。生化需氧量的经典测定方法是稀释接种法。

一、方法原理

生化需氧量是指在一定条件下，微生物分解存在水中的某些可氧化物质，特别是有机物所进行的生物化学过程中消耗溶解氧的量。

于恒温培养箱内在（20±1）℃下培养5天，分别测定样品培养前后的溶解氧，二者之差即 BOD_5 值，以氧的 mg/L 来表示。

本方法适用于测定 BOD_5 范围为 2 mg/L < BOD_5 < 6 000 mg/L 的溶液，当 >6 000 mg/L 时，会因稀释带来误差。

二、仪器

1）恒温培养箱。

2）5 ~ 20 L 细口玻璃瓶。

3）1 000 ~ 2 000 mL 量筒。

4）玻璃棒：50 mm，棒的底端固定一个 10 号的带有几个小孔的橡胶塞。

5）溶解氧瓶（碘量瓶）：250 ~ 300 mL。

三、试剂

（1）磷酸盐缓冲溶液

将 8.5 g 磷酸二氢钾（KH_2PO_4）、21.75 g 磷酸氢二钾（K_2HPO_4）、33.4 g 七水合磷酸氢二钠（$Na_2HPO_4 \cdot 7H_2O$）和 1.7 g 氯化铵（NH_4Cl）溶于水中，并稀至 1 000 mL，此时溶液 pH 值为 7.2。

（2）硫酸镁溶液

将 22.5 g 七水合硫酸镁（$MgSO_4 \cdot 7H_2O$）溶于水中，并稀至 1 000 mL。

（3）氯化钙溶液

将 27.5 g 无水氯化钙溶于水中，并稀至 1 000 mL。

（4）氯化铁溶液

将 0.25 g 六水合氯化铁（$FeCl_3 \cdot 6H_2O$）溶于水，并稀至 1 000 mL。

（5）盐酸溶液（0.5 mol/L）

将 40 mL 浓盐酸溶于水，并稀至 1 000 mL。

（6）氢氧化钠溶液（0.5 mol/L）

将 20 g 氢氧化钠溶于水，并稀至 1 000 mL。

（7）葡萄糖 - 谷氨酸标准溶液

将葡萄糖和谷氨酸在 103℃ 下干燥 1 h 后，各称取 150 mg 溶于水中，移入 1 000 mL 容量瓶中，并稀至标线，临用前配制。

（8）稀释水

在 5 ~ 20 L 玻璃瓶中装入一定量的水，控制水温在 20℃ 左右，用曝气机曝气 2 ~ 8 h，使稀释水中的溶解氧接近饱和。瓶口盖以两层纱布，置于 20℃ 培养箱内放置数小时，使水中溶解氧含量达到 8 mg/L 左右。临用前向每升水中加入氯化钙、硫酸镁、氯化铁、磷酸缓冲液各 1 mL，混匀。

（9）接种液

接种液可选用以下几种：

1）一般生活用水，放置一昼夜，取上清液。

2）表层土壤水，取 100 g 花园或植物生长土壤，加 1 L 水，静置 10 min，取上清液。

3）污水厂出水。

4）含有城市污水的河水或湖水。

（10）接种稀释水

每升稀释水中接种的加入量：生活污水 1 ~ 10 mL；表层土壤水 20 ~ 30 mL；河水或湖水 10 ~ 100 mL。接种稀释水 pH 值为 7.2，配制后应立即使用。

四、水样的测定

（1）不经稀释的水样的测定

1）将混匀水样移入两个溶解氧瓶中（转移中不要出现气泡），溢出少许，加塞。瓶内不应留气泡。

2）其中一瓶随即测定溶解氧，另一瓶口水封后放入培养箱，在（20 ± 1）℃下培养 5 天。

3）5 天后，测定溶解氧。

4）计算式如下：

$$BOD_5 = C_1 - C_2$$

式中，C_1——水样在培养前的溶解氧浓度（mg/L）；

C_2——水样在培养后的溶解氧浓度（mg/L）。

（2）经稀释水样的测定

水样稀释对比见表 6 − 1。

表 6 − 1 水样稀释对比

水样类型	参考值		稀释系数	备注
地面水	高锰酸盐指数	<5	—	高锰酸盐与一定系数的乘积为稀释倍数。使用稀释水时，由 *COD* 值乘以系数，即稀释倍数，使用接种稀释水时则只乘以系数
		5 ~ 10	0.2，0.3	
		10 ~ 20	0.4，0.6	
		>20	0.5，0.7，1.0	
工业废水	重铬酸钾法	稀释水	0.075，0.15，0.225	
		接种稀释水	0.075，0.15，0.25	

1）按选定的稀释比例，在 1 000 mL 量筒内引入部分稀释水。

2）加入需要量的混匀水样，再引入稀释水（或接种稀释水）至 800 mL。

3）用带胶板的玻璃棒上下搅匀，搅拌时胶板不要露出水面，防止产生气泡。

4）将水样装入两个溶解氧瓶内，测定当天溶解氧和培养 5 天后的溶解氧。

5）稀释水用同样方式培养作空白试验，测定 5 天前、后的溶解氧。

6）计算式如下：

$$BOD_5 = \frac{(C_1 - C_2) - (B_1 - B_2) \times f_1}{f_2}$$

式中，C_1——水样在培养前的溶解氧浓度（mg/L）；

C_2——水样在培养后的溶解氧浓度（mg/L）；

B_1——稀释水在培养前的溶解氧（mg/L）；

B_2——稀释水在培养后的溶解氧（mg/L）；

f_1——稀释水在培养液中占的比例；

f_2——水样在培养液中占的比例。

其中，f_1、f_2的计算如培养液的稀释比为 3%，即 3 份水样，97 份稀释水，则 $f_1 = 0.97$，$f_2 = 0.03$。

在 BOD_5测定中，一般采用叠氮化钠改良法测定溶解氧。

五、注意事项

1）水样 pH 值应为 6.5～7.5，若超出，可用盐酸或氢氧化钠调节 pH 值，使其近似于 7。

2）水样在采集、保存及操作过程中不要出现气泡。

第七章

热力设备腐蚀与防护

第一节　锅内腐蚀基础知识

目前在发电厂中比较常见的腐蚀是给水系统的腐蚀、锅内腐蚀、汽轮机腐蚀以及凝汽器铜管腐蚀等。本章对这几个方面的腐蚀简述如下。

一、腐蚀类型

金属表面和它接触的物质发生化学或电化学作用，使金属从表面开始破坏，这种破坏被称为腐蚀。例如铁器生锈和铜器长铜绿等就是铁和铜的腐蚀。

腐蚀有均匀腐蚀和局部腐蚀两类。

1. 均匀腐蚀

均匀腐蚀是金属和侵蚀性物质相接触时，整个金属表面产生不同程度的腐蚀。

2. 局部腐蚀

局部腐蚀只在金属表面的局部位置产生腐蚀，最终形成溃疡、点状和晶粒间、穿晶腐蚀等。图 7－1 中所示的是各种腐蚀形状。

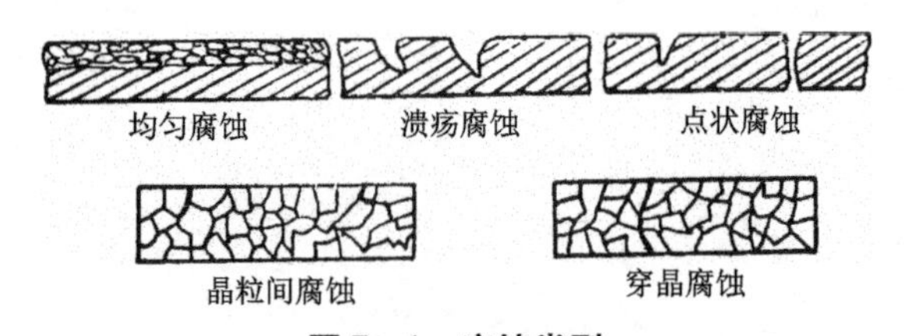

图 7－1　腐蚀类型

（1）溃疡状腐蚀

这种腐蚀是发生在金属表面的别点上，而且是逐渐往深度发展的。

（2）点状腐蚀

点状腐蚀与溃疡腐蚀相似，不同的是点状腐蚀的面积更小，直径在 0.2～1 mm 之间。

(3) 晶粒间腐蚀

晶粒间腐蚀是金属在侵蚀性物质（如浓碱液）与机械应力共同作用下，腐蚀沿着金属晶粒边界发生的，其结果是使金属产生裂纹，引起机械性能变脆，造成金属苛性脆化。

(4) 穿晶腐蚀

穿晶腐蚀是金属在多次交变应力（如振动或温度、压力的变化等）和侵蚀性介质（碱、氯化物等）的作用下，腐蚀穿过晶粒发生的，其结果是使金属机械性变脆以致造成金属横向裂纹。

总之，均匀性腐蚀虽然没有显著缩短设备的使用期限，但腐蚀产物被带入锅内，就会在管壁上形成铁垢，引起管壁的垢下腐蚀，影响安全经济运行。局部腐蚀能在较短的时间内，引起设备金属的穿孔或裂纹，危害性较大。

二、给水系统的腐蚀因素

给水系统是指凝结水的输送管道、加热器、疏水的输送管道和加热设备等。这些设备受到腐蚀不仅会使设备受到损坏，更严重的是会使给水受到污染。

给水虽然是电厂中较纯净的水，但其中还常含有一定量的氧气和二氧化碳。这两种气体是引起给水系统金属腐蚀的主要因素。

1. 水中溶解氧

若水中溶解有氧气，则能引起设备腐蚀，其特征一般是在金属表面形成许多小型鼓包，其直径为1 ~30 mm。鼓包表面的颜色有黄褐色或砖红色，次层是黑色粉末状的腐蚀产物。当这些腐蚀产物被清除后，便会在金属表面出现腐蚀坑。

氧腐蚀最容易发生的部位是给水管道、疏水系统和省煤器等处。给水经过除氧后，虽然含氧量很小，但是给水在省煤器中由于温度较高，含有的少量的氧也可能使金属发生氧腐蚀，特别是当给水除氧不良时，腐蚀就会更严重。

2. 水中溶解 CO_2

二氧化碳溶于水后，能与水结合成碳酸（H_2CO_3），使水的 pH 值降低。当 CO_2溶解到纯净的给水中时，尽管数量很微小，也能使水的 pH 值明显下降。在常温下纯水的 pH 值为7.0，而当水中 CO_2的浓度为1 mg/L 时，其 pH 值由7.0 降至5.5。这样的酸性水能引起金属的腐蚀。

水中 CO_2 对设备腐蚀的状况是：金属表面均匀变薄，腐蚀产物被带入锅内。

给水系统中最容易发生 CO_2腐蚀的部位主要是凝结水系统。当用化学除盐水作为补给水时，在除氧器后的设备也可能由于微量 CO_2而引起金属腐蚀。

3. 水中同时含有 O_2和 CO_2

当水中同时含有 O_2和 CO_2时，金属腐蚀更加严重。因为氧和铁产生电化学腐蚀形成铁的氧化物或铁的氢氧化物，它们能被含有 CO_2的酸性水所溶解。因此，CO_2促进了氧对铁的腐蚀。

这种腐蚀的状况是：金属表面没有腐蚀产物，腐蚀呈溃疡状。

腐蚀常常发生在凝结水系统、疏水系统和热网系统中。当除氧器运行不正常时，给水泵的叶轮和导轮上均能发生腐蚀。

三、腐蚀的防止方法

防止给水系统腐蚀的主要措施是给水的除氧和氨处理。

1. 给水除氧

去除水中氧气的方法有热力除氧和化学除氧法。通常采用以热力除氧为主、化学除氧为辅的办法。

（1）热力除氧法

氧气和二氧化碳在水中的溶解度与水的温度、氧气或二氧化碳的压力有关。若将水温升高或使水面上氧气或二氧化碳的压力降低，则氧气或二氧化碳在水中的溶解度就会减小而逸掉。当给水进入除氧器时，水被加热而沸腾，水中溶解的氧气和二氧化碳就会从水中逸出，并随水蒸气一起排掉。

为了保证能比较好地把给水中的氧除去，除氧器在运行时，应做到以下几点：

1）水应加热到与设备内的压力相当的沸点，因此，需要仔细调节水蒸气供给量和水量，以保持除氧水经常处于沸腾状态。在运行中，必须经常监督除氧器的压力、温度、补给水量、水位和排气门的开度等。

2）补给水应均匀分配给每个除氧器，在改变补给水流量时，应不使其波动太大。

对运行中的除氧器，必须有计划地进行定期检查和检修，防止喷嘴或淋水盘脱落、盘孔变大或堵塞。必要时，对除氧器要进行调整、试验，使之运行正常。

（2）化学除氧法

电厂中用作化学除氧药剂的有：亚硫酸钠（Na_2SO_4）和联氨（N_2H_4）。亚硫酸钠只用作中压电厂的给水化学除氧剂，联氨可作为高压和高压以上电厂的给水化学除氧剂。联氨能与给水中的溶解氧发生化学反应，生成氮气和水，使水中的氧气得到消除：

$$N_2H_4 + O_2 \rightarrow N_2 + 2H_2O$$

上例反应生成的氮气是一种很稳定的气体，对热力设备没有任何害处。此外，联氨在高温水中能减缓铁垢或铜垢的形成。因此，联氨是一种较好的防腐、防垢剂。

联氨与水中溶解氧发生反应的速度与水的 pH 值有关。当水的 pH 值为 9~11 时，反应速度最大。为了使联氨与水中溶解氧反应迅速和完全，在运行时应使给水呈碱性。

当给水中残余的联氨受热分解后，就会生成氮气和氨：

$$3N_2H_4 \rightarrow N_2 + 4NH_3$$

产生的氨能提高凝结水的 pH 值，有益于凝结水系统的防腐。但过多的 NH_3 又会引起凝结水系统中铜部件的腐蚀。在实际生产中，给水联氨过剩量应控制在 20~50 μg/mL。

联氨的加入方法：将联氨配成 0.1%~0.2% 浓度的稀溶液，用加药泵连续地把联氨溶液送到除氧器出口管，由此加入给水系统。

联氨具有挥发性、易燃、有毒。市售联氨溶液的浓度为 80%。这种联氨浓溶液应密封保存在露天仓库中，其附近不允许有明火。搬运或配制联氨溶液的工作人员应佩戴眼镜、口罩、胶皮手套等防护用品。

2. 给水的氨处理

这种方法是向给水加入氨气或氨水。氨易溶于水，并与水发生下列反应使水呈碱性：

$$NH_3 + H_2O \rightarrow NH_4OH$$

$$NH_4OH \rightleftharpoons NH_4^+ + OH^-$$

如果水中含有 CO_2 时，则会和 NH_4OH 发生下列反应：

$$NH_4OH + CO_2 \rightarrow NH_4HCO_3$$

当 NH_3 过量时，生成的 NH_4HCO_3 继续与 NH_4OH 反应，得到碳酸铵：

$$NH_4OH + NH_4HCO_3 \rightarrow (NH_4)_2CO_3 + H_2O$$

由于氨水为碱性，能中和水中的 CO_2 或其他酸性物质，所以它能提高水的 pH 值。一般给水的 pH 值应调整在 8.5~9.2。

氨有挥发性，用氨处理后的给水在锅内蒸发时，氨又能随水蒸气被带出，使凝结水系统的 pH 值提高，从而保护了金属设备。但是使用这种方法时，凝结水中的氨含量应小于 2~3 mg/L，氧含量应小于 0.05 mg/L。

加到给水中的氨量应控制在 1.0~2.0 mg/L。

此外，某些胺类物质，如莫福林和环己胺，它们溶于水显碱性，也能和碳酸发生中和反应，并且胺类对铜、锌没有腐蚀作用。因此，可以用其来提高给水的 pH 值。由于这种药品价格贵，又不易得到，所以目前没有广泛使用。

四、锅内腐蚀的种类

当给水除氧不良或给水中含有杂质时，可能引起锅炉管壁的腐蚀。

锅内常见的腐蚀有以下几种：

1. 氧腐蚀

金属设备在一定条件下与氧气作用时引起的腐蚀，称为氧腐蚀。

这种氧腐蚀的部位很广，凡是与潮湿空气接触的任何地方，都能产生氧腐蚀，特别是积水放不掉的部位更容易发生氧腐蚀。

2. 沉积物下的腐蚀

金属设备表面沉积物下面的金属所产生的腐蚀，称为沉积物下的腐蚀。造成锅炉沉积物下面的金属发生腐蚀的条件是：炉口含有金属氧化物、盐类等杂质。其在锅炉运行条件下发生下列过程：

首先，炉水中的金属氧化物在锅炉管壁的向火侧形成沉积物。

然后，在沉积物形成的部位，管壁的局部温度升高，使这些部位的炉水高度浓缩。

由于这些浓缩的锅炉水中含有的盐类不同，可能发生酸性腐蚀，也可能发生碱性腐蚀。

(1) 酸性腐蚀

当锅炉水中含有 $MgCl_2$ 或 $CaCl_2$ 等酸性盐时，浓缩液中的盐类发生下列反应：

$$MgCl_2 + 2H_2O \rightarrow Mg(OH)_2 \downarrow + 2HCl$$

$$CaCl_2 + 2H_2O \rightarrow Ca(OH)_2 \downarrow + 2HCl$$

其中，产生的 HCl 增强了浓缩液的酸性，使金属发生酸性腐蚀。这种腐蚀的特征是：沉积物下面有腐蚀坑，坑下金属的金相组织有明显的脱碳现象，金属的机械性能变脆。

(2) 碱性腐蚀

当炉水中含有 NaOH 时，在高度浓缩液中的 NaOH 能与管壁的 Fe_3O_4 氧化膜以及铁发生反应：

$$Fe_3O_4 + 4NaOH \rightarrow 2NaFeO_2 + Na_2FeO_2 + 2H_2O$$

$$Fe + 2NaOH \rightarrow Na_2FeO_2 + H_2 \uparrow$$

反应结果是使金属发生碱性腐蚀。碱性腐蚀的特征是：在疏松的沉积物下面有凸凹不平的腐蚀坑，坑下面金属的金相组织没有变化，金属仍保持原有的机械性能。

沉积物下腐蚀主要发生在锅炉热负荷较高的水冷壁管向火侧。

3. 苛性脆化

苛性脆化是一种局部腐蚀，这种腐蚀是在金属晶粒的边际上发生的。它能削弱金属晶粒间的联系力，使金属所能承受的压力大为降低。当金属不能承受炉水所给予的压力时，就会产生极危险的炉管爆破事故。

金属苛性脆化是在下面因素共同作用下发生的：

1）锅炉中含有一定量的游离碱（如苛性钠等）。

2）锅炉铆缝处和胀口处有不严密的地方，炉水从该处漏出，并蒸发、浓缩。

3）金属内部有应力（接近于金属的屈服点）。

4. 亚硝酸盐腐蚀

高参数的锅炉应注意亚硝酸盐引起的腐蚀。

五、防止锅内腐蚀的措施

1）保证除氧器的正常运行，降低给水含氧量。

2）做好补给水的处理工作，减少给水杂质。

3）做好给水系统的防腐工作，减少给水中的腐蚀产物。

4）防止凝汽器泄漏，保证凝结水的水质良好。

5）做好停炉的保护工作和机组动前汽水系统的冲洗工作，防止腐蚀产物被带入锅内。

6）在设计和安装时，应注意避免金属产生应力。对于铆接或胀接的锅炉，为防止苛性脆化的产生，在运行时可以维护炉水中苛性钠与全固形物的比值小于或等于0.2$\left(\text{即}\frac{\text{NaOH}}{\text{全固形物}}\leqslant 0.2\right)$。

7）运行锅炉应定期进行化学清洗，清除锅内的沉积物。

第二节　锅内结垢和锅内水处理

一、锅内结垢

1. 水垢的形成及其危害

锅炉管壁上产生的坚硬附着物，称为水垢。水垢是金属导热能力的几百分之一，因此，锅炉产生水垢就会造成热损失，浪费大量燃料，同时也可以使金属发生局部过热，造成设备损坏。水垢还能引起沉积物下的金属腐蚀，危及锅炉安全运行。

2. 水垢的分类及其生成的部位

水垢按其主要化学成分分为钙水垢、镁水垢、硅酸盐水垢、氧化铁垢、磷酸盐铁垢和铜垢等。

不同类的水垢生成的部位不同：钙、镁碳酸盐水垢容易在锅炉省煤器、加热器、给水管道等处生成；硅酸盐水垢主要沉积在热负荷较高或水循环不良的管壁上；氧化铁垢最容易在高参数和大容量的锅炉内发生，这种铁垢生成部位绝大部分是发生在水冷壁上升管的向火侧、水冷壁上升管的焊口区以及冷灰斗附近；磷酸盐铁垢，通常发生在分段蒸发锅炉的盐段水冷壁管上；铜垢主要生成部位是热负荷很高的炉管处。

二、锅内水处理

防止锅内产生水垢的主要措施是：做好补给水的净化工作，消除凝汽器的泄漏，保证给水品质良好。此外，汽包锅炉还要对锅内的水进行处理。

1. 锅内水处理原理

锅内水处理是把化学药品加进运行锅炉的水中或给水中，防止在锅内发生水垢。锅内水处理一般分为碱性处理和中性处理。目前普遍采用的是磷酸三钠的碱性处理。

磷酸三钠加到锅炉水中，能解离出磷酸根离子（PO_4^{3-}）。在锅炉水沸腾状态和碱性较强的条件下，PO_4^{3-} 与水中的 Ca^{2+} 发生下列反应：

$$10Ca^{2+} + 6PO_4^{3-} + 2OH^- \rightarrow Ca_{10}(OH)_2(PO_4)_6 \downarrow \text{（碱式磷酸钙）}$$

生成的碱式磷酸钙沉淀呈泥渣状，可随锅炉排污排掉。

2. 处理方法

处理方法是：将浓度为1% ~5% 的磷酸钠溶液用加药泵连续地加入给水中或用高压加药泵加到汽包的锅炉水中。

加到锅炉水中的药量应适当。药量不足时，锅炉水中的钙、镁就会形成水垢；药量过多时，又会产生黏着性的磷酸镁或者引起水蒸气品质不良。各种类型锅炉的锅炉水中 PO_4^{3-} 的余量可根据表 7－1 控制。

表 7－1 锅炉水磷酸根控制标准

锅炉压力（表大气压）/MPa	磷酸根/（mg·L⁻¹）		
	不分段蒸发	分段蒸发	
		净段	盐段
≤59	5 ~15	5 ~20	≤75
60 ~170	2 ~10	2 ~10	≤75

第三节 停炉腐蚀和保护方法

一、停炉腐蚀和危害

锅炉在停用期间受空气中的水分和氧气的作用，使金属遭到腐蚀。停用期间的腐蚀，不仅使锅炉管壁受到损伤，更严重的是在锅炉再次启动时，锅内的腐蚀产物在运行条件下形成沉积物和沉积物下的腐蚀以致发生爆管事故。这就增加了锅炉停运时间，增加了检修费用。

二、停炉的保护方法

锅炉在停用期间的保护方法有湿法保护和干法保护。

1. 湿法保护

这种方法是在锅炉内部充满不腐蚀金属的保护液，杜绝空气进入锅内，防止空气中的氧对金属的腐蚀。比较常用的湿法保护有下列几种：

（1）联氨法

锅炉在停运前，用加药泵把联氨加入给水中，使锅内的各部分都充满浓度均匀的联氨溶液。溶液中过剩联氨浓度为 100～200 ppm①。

如果联氨保护液的 pH 值低于 10，则用加氨方法，把 pH 值提高到 10 以上。

锅炉冷却后，还需再往锅内打入除氧水，使锅内溶液保持充满状态，然后关闭与锅炉相通的所有阀门，尽量防止空气漏入。

在停炉保护期间，如果发现联氨浓度和 pH 值下降，应补加联氨或氨。

在锅炉启动前，应将联氨溶液排入地沟，并对联氨溶液加以稀释，防止人畜中毒。

（2）氨液法

将给水配成 800～1 000 ppm 的氨溶液，用泵打入锅炉，并在锅炉水汽系统内进行循环，直到各部分溶度均匀为止。然后关闭锅炉所有阀门，防止氨液漏出。

采用氨液保护时，应事先拆掉能与氨液接触的铜部件，防止设备发生氨腐蚀。

---

① 1 ppm＝0. 01 mmol/L。

（3）压力保护法

锅炉短期停用时，可以采用间断升火保持压力或给水保持压力法对锅炉进行保护。前者是在停炉后，用间断升火的办法保持水蒸气压力为5～10 kg/cm^2；后者是在锅炉充满给水时，用给水泵顶压，保持炉水压力为10～15 kg/cm^2。

采用间断升火保持压力法时，在保护期间炉水磷酸根和溶解氧应维持在运行标准。采用给水保持压力法时，应保持给水的溶解氧合格。

2. 干法保护

干法保护是把锅内的水彻底放空，保持金属表面干燥或者金属表面被氮气（N_2）覆盖，防止金属遭受潮湿空气的腐蚀。干法保护有以下几种：

（1）烘干法

当锅炉停止运行后，锅炉水水温降至100℃～120℃时，开始放水。锅内水放完后，利用炉膛的余热或用锅炉点火设备在炉膛点火加热，也可以用热风使锅炉金属表面干燥。

（2）干燥剂法

锅炉采用烘干法进行烘干，并清理锅炉附着的水垢和水渣，然后在汽包、联箱等处放入无水氯化钙、石灰或硅胶进行干燥处理。无水氯化钙或石灰应放在搪瓷盘中，硅胶可装在布袋内。

在锅炉停用保护期间，定期检查干燥剂的情况，发现失效应及时更换新的干燥剂或定期更换干燥剂。

此方法适用于低压或中压小容量汽包炉的长期停炉保护中；高压、大容量锅炉停用时，不采用这种保护方法。

（3）充氮法

这种方法是将氮气充入锅内，并保持压力在0.1 kg/cm^{2}以上，以防止空气侵入锅内，保护设备不受氧腐蚀。

锅炉停止运行后，当锅炉压力降到3 kg/cm^{2}时，将充氮管路用法兰连接好，氮气的减压阀定在0.3 kg/cm^2，关闭锅炉压力部分的所有阀门。锅炉在冷却时，压力逐渐下降，当锅炉压力降到0.3 kg/cm^{2}时，氮气经充氮临时管路进入锅内。

充氮时锅炉的水可以放掉，也可以不放掉。未放水的锅炉或锅内有存水的部分，水中应加有一定量的联氨，并用氨调节其pH值至10以上。

锅炉在充氮保护期间，锅内的压力应保持在0.3～0.1 kg/cm^2，防止空气漏入。经常检查氮气的耗量，如果发现氮气耗量大，应查找泄漏处并及时进行密封。氮气的纯度对保护效果有很大关系。一般要求氮气纯度在99%以上。

锅炉启动时，在上水和升火过程中，把锅炉排气门打开，使氮气排入大气。

干法保护通常是在锅炉较长时间退出运行或有冰冻危险时采用。

第四节　锅炉的化学清洗

锅炉的化学清洗就是用某些化学药品的水溶液清洗锅炉水汽系统内的沉积物，并使管壁表面形成良好的防腐蚀保护膜。

新安装的锅炉在其制造、运输与安装过程中，可能有轧制铁皮、腐蚀产物、防腐涂料、沙子等杂质进入或残留在锅炉管内。这些杂质在锅炉投入运行前如不除去，投入运行后就会引起炉管堵塞、形成沉积物以及发生沉积物下的腐蚀。因此，新安装的锅炉在启动前，应进行化学清洗。

运行中的锅炉，若给水携带杂质，则会使锅炉受热面产生沉积物；当沉积物达到一定量时，就会影响锅炉的安全经济运行。因此，运行锅炉也应该定期地或根据管壁沉积物的沉积量进行化学清洗。

一、化学清洗原理

化学清洗锅炉是用含有缓蚀剂的酸溶液来清除锅炉管壁上的氧化铁皮或沉积物。目前化学清洗方法主要是用盐酸、柠檬酸和氢氟酸清洗。

1. 盐酸

由于盐酸清洗效果较好，价格便宜，又容易买到，因此采用盐酸清洗较为广泛。

（1）清洗原理

盐酸之所以能够清除管壁上的氧化皮和沉积物，是因为在酸洗过程中盐酸能与这些杂质发生化学反应。

1）与管壁上的氧化皮作用：钢材在高温（575℃以上）加工过程中形成的氧化皮是由 FeO、Fe_3O_4和 Fe_2O_4等三层不同的氧化铁组成的，其中 FeO 是靠近金属基体的内层。盐酸与这些氧化物接触时，会发生化学反应，生成可溶性的 $FeCl_2$或 $FeCl_3$，使氧化皮溶解。其反应式如下：

$$FeO + 2HCl \rightarrow FeCl_2 + H_2O$$

$$Fe_2O_3 + 6HCl \rightarrow 2FeCl_3 + 3H_2O$$

在氧化皮溶解过程中，由于靠近金属基体的 FeO 的溶解，还能使氧化皮从管壁上脱落。

2）与混杂在氧化皮中的铁作用：盐酸能与氧化皮中的铁作用，生成可溶性的 $FeCl_2$ 和 H_2，反应式如下：

$$Fe + 2HCl \rightarrow FeCl_2 + H_2 \uparrow$$

产生的氢气从氧化皮中逸出时，也能使尚未与盐酸反应的氧化皮从管壁上剥落下来。

3）与钙、镁碳酸盐水垢作用：盐酸还能与钙、镁的碳酸盐发生化学反应，使水垢溶解，反应式如下：

$$CaCO_3 + 2HCl \rightarrow CaCl_2 + H_2O + CO_2$$

$$MgCO_3 \cdot Mg(OH)_2 + 4HCl \rightarrow 2MgCl_2 + 3H_2O + CO_2$$

从盐酸与管壁上各种沉积物的反应中可以看出，盐酸在酸洗过程中，对管壁上的氧化皮和沉积物发生两种作用：一是溶解作用；二是剥落作用。这两种作用的结果都能使锅炉得到清洗。

（2）对金属表面的腐蚀作用

在酸洗过程中，盐酸和氯化铁能与钢材裸露表面发生化学反应，使金属受到腐蚀，反应式如下：

$$Fe + 2HCl \rightarrow FeCl_2 + H_2 \uparrow$$

$$Fe + 2FeCl_3 \rightarrow 3FeCl_2$$

为抑制金属腐蚀，在清洗液中应加入缓蚀剂。

（3）注意事项

用盐酸洗时，应注意以下两点：

1）当水垢的主要成分是硅酸盐时，单用盐酸清洗效果较差。若向清洗液中加入适量的氟化物，可使硅化物溶解，改善清洗效果。

2）如果设备的材质是奥氏体钢，则不能用盐酸酸洗，因为盐酸中的氯离子对奥氏体钢产生应力腐蚀，即所谓“氯脆”作用。

2. 柠檬酸

（1）清洗原理

柠檬酸（$H_3C_6H_5O_7 \cdot H_2O$）是一种无色晶体，易溶于水的有机酸。酸洗时，将柠檬酸配成2%～3%浓度的溶液，并用氨将其 pH 值调节为3～4。此时溶液的主要成分为柠檬酸单铵。用这种溶液清洗时，不仅利用它的酸性来溶解氧化铁，更主要的是利用它能与铁离子络合生成易溶于水的络合物而使氧化铁溶解。因此，用柠檬酸酸洗没有 Fe^{3+} 的腐蚀和对奥氏体钢的“氯脆”现象，也没有大片的氧化皮或沉积物的剥落，所以不会出现大量的沉渣和悬浮物。这对清洗结构复杂的大机组是有利的。

（2）注意事项

用柠檬酸酸洗时，应注意以下两点：

1）柠檬酸不能与铜垢，钙、镁水垢或硅酸盐水垢发生作用。因此，当沉积物的主要成分为铜垢、硅酸盐垢或钙、镁水垢时，不能用柠檬酸酸洗。

2）当清洗液的温度低于80℃，pH值大于4.5或Fe^{3+}超过0.5%时，都可能发生柠檬酸铁沉淀。因此，采用柠檬酸酸洗时，应注意防止发生沉淀。

3. 氢氟酸

（1）清洗原理

1）对氧化铁的溶解作用：氢氟酸（HF）是一种弱酸，它在低浓度的条件下，对氧化铁有较强的溶解能力，这种溶解能力主要靠氟离子的络合作用。HF在水中能解离出H^+和F^-，F^-能与Fe^{3+}络合，而使氧化皮溶解。其反应如下：

$$HF \rightleftharpoons H^+ + F^-$$

$$2Fe^{3+} + 6F^- \rightleftharpoons Fe[FeF_6]$$

上述反应是在酸性溶液中进行的，但是，如果酸度过大（$[H^+] > 0.5$ mol/L），溶液中F^-减少，会导致Fe［FeF_6］的解离。因此，一般采用1%的低浓度的氢氟酸作为清洗液。

2）对硅化物的溶解作用：氢氟酸能与硅化物发生反应，使硅化物的水垢很快溶解，其反应式为：

$$SiO_2 + 4HF \rightarrow SiF_4 + 2H_2O$$

氢氟酸对氧化铁或硅酸盐水垢溶解得很快，约比用盐酸时快44倍。因此，当用氢氟酸清洗时，酸洗液可以一次通过，不需要循环。这样避免了Fe^{3+}对金属基体的腐蚀，此时仅是氢氟酸的酸性腐蚀，因此腐蚀率较低，一般在1 g/（$m^2 \cdot h$）左右。

氢氟酸可用于奥氏体钢等多种钢材制造的设备，由于氢氟酸酸洗对金属腐蚀性较小，在清洗时可以不拆卸系统中的阀门。

（2）注意事项

用氢氟酸酸洗时，应注意以下两点：

1）氢氟酸有毒，能强烈刺激呼吸系统。与皮肤相接触时，能引起剧烈的疼痛和难以治愈的烧伤，故在使用时应采取安全措施。

2）酸洗的废液应妥善处理，一般是用石灰（CaO）中和废液中的氢氟酸处理，其反应式如下：

$$CaO + 2HF \rightarrow CaF_2 \downarrow + H_2O$$

反应后生成了氟化钙（CaF_2）的沉淀，它使废液中的F^-降至20 ppm以下。

二、缓蚀剂和缓蚀作用

1. 缓蚀剂

在化学清洗时，清洗液中的酸与裸露的金属发生反应，使金属受到腐蚀。为了减轻金属的腐蚀，在清洗液中加入某些能减轻金属腐蚀的药品，这种药品称为缓蚀剂，如邻二甲苯硫脲、乌洛托平等。

2. 缓蚀作用

有机缓蚀剂的分子能吸附在金属表面上，形成一种很薄的保护膜，这种保护膜能抑制金属的腐蚀过程。

无机缓蚀剂能与金属表面或溶液中的腐蚀产物发生作用，并在金属表面生成一层致密而牢固的保护膜，同样能抑制金属的腐蚀过程。

缓蚀剂的选择和用量与酸洗液的流速、酸洗液的温度、金属材料、清洗剂的种类和浓度有关。因此，缓蚀剂的选择和用量应通过酸洗前的小型试验决定。

三、添加剂及其作用

1. 添加剂

在清洗液中添加某种化学药品，能够加速沉积物的溶解或防止氧化性离子对金属的腐蚀，这种药品称为添加剂。

2. 各种添加剂的作用

（1）使进沉淀物溶解的添加剂

例如，在盐酸清洗液中加入某种氟化物，它像氢氟酸与硅酸盐、氧化铁作用一样，既可以使硅酸盐水垢溶解，又可以加速对氧化铁的溶解。

（2）防止 Fe^{3+}、Cu^{2+} 对钢铁腐蚀的添加剂

酸洗液中若有较多的 Fe^{3+} 或 Cu^{2+}，则会使金属基体遭到腐蚀。为了防止不同的离子对金属的腐蚀，可向清洗液中加入不同的添加剂。

当清洗液中 Fe^{3+} 较多时，可向清洗液中添加还原剂，使 Fe^{3+} 转变为 Fe^{2+}。如用盐酸清洗，则可将氯化亚锡和次亚磷酸等还原剂；如用氢氟酸或柠檬酸清洗，则可将联氨、草酸、抗坏血酸等用作还原剂。

当清洗液中 Cu^{2+} 较多时，可向清洗液中添加铜离子络合剂，如硫脲、六亚甲基四胺等，使 Cu^{2+} 成为络合离子。

四、锅炉化学清洗的确定

锅炉是否应该进行清洗，需根据具体情况而定。

1. 新装锅炉

新装锅炉的酸洗，需根据锅炉压力、锅炉内部的清洁程度及设备结构来确定。高压锅炉及直流炉在投运前应该进行化学清洗。

2. 运行锅炉

运行锅炉的酸洗，应根据各台锅炉管内沉积物的附着量或运行年限确定。

1）根据锅炉管内沉积物附着量确定酸洗，当锅炉水冷壁管沉积物附着量达到表7－2所列数值时，应在下次大修时进行锅炉酸洗。

表7－2 水冷壁向火侧沉积物的极限量（洗垢法测沉积量）

锅炉类型	汽包锅炉			直流炉
工作压力/（$kg\cdot cm^{-2}$）	≤60	60～129	>130	—
沉积物量/（$g\cdot m^{-2}$）	600～900	400～600	300～400	200～300
注：燃油或燃用天然气的锅炉，可按此表中工作压力高一级的数值考虑。				

为了查明炉管内沉积物的量，应进行割管检查。由于锅炉不同部位炉管中沉积物的量有较大差异，因此，应选择最容易结垢的部位进行割管检查。这些地方应是受热面热负荷最大的部位，如喷燃器附近，对有燃烧带的锅炉，燃烧带上部距炉膛中心最近处。割管检查的间隔时间请参考表7－3。

表7－3 割管检查间隔时间

压力等级	燃烧方式	割管时间（运行后或酸洗后）/年	
		汽包炉	直流炉
超临界压力/（$kg\cdot cm^{-2}$）	混烧	—	1
	重油	—	1
180	煤	1～4	1～4
	混烧	1～2	1～2
	重油	1	1
120	煤	3～5	2～5
	混烧	2～3	1～3
	重油	1～3	1～2
80～110	煤	4～6	3～6
	混烧	3～5	3～4
	重油	2～5	2
注：高炉煤气按煤考虑，原油、天然气按重油标准，旋风炉按重油标准。			

2）根据锅炉运行经验，定期进行化学清洗，表 7 – 4 中拟定的运行锅炉化学清洗间隔时间仅供参考。

表 7 – 4 运行锅炉化学清洗的间隔时间

锅炉类型	汽包锅炉			直流炉
工作压力/（$kg \cdot cm^{-2}$）	≤60	60 ~ 129	>130	—
时间/年	—	10	6	4
注：燃油锅炉应按高一级的参数定标准，进口机组应根据制造厂规定标准进行酸洗。				

五、化学清洗步骤和方法

锅炉化学清洗步骤一般按以下顺序进行：

1. 水冲洗

水冲洗就是清洗系统在用化学药品清洗前，先用清水冲洗。水冲洗的目的对新装锅炉来说，是为了除去锅炉内脱落的焊渣、氧化皮、铁锈和尘埃等；对运行锅炉来说，是为了除去其中被水冲洗掉的沉积物。水冲洗还可以对清洗系统的严密性进行一次检查。

2. 碱液清洗

碱液清洗的目的对新安装锅炉来说，是为了除去在制造、安装过程中，管内涂覆的防锈剂和附着的油污；对运行锅炉来说，是为了除去锅内附着的沉积物、硅化物等，为下一步酸洗创造条件。

（1）碱洗药品

碱洗使用的化学药品有碳酸钠、磷酸钠、氢氧化钠以及表面活性剂（如洗衣粉——烷基磺酸盐）等。这些药品常常是混合使用。一般采用的混合液为：

1）Na_3PO_4，浓度为 0.5% ~1.0%；

2）NaOH，浓度为 0.5% ~1.0%；

3）表面活性剂，浓度为 0.05%。

（2）碱洗方法

碱洗按其清洗方式分为循环清洗和碱煮。

1）循环清洗：在清洗系统中先充以除盐水进行循环，同时将除盐水加热到 80℃ ~100℃，然后连续地、缓慢地向清洗溶液箱内加入已配制好的浓碱液，通过除盐水的不断循环，使碱液流入清洗系统，进行循环清洗。碱液在清洗系统中的循环流速应大于 0.3 m/s，循环清洗时间为 8 ~24 h。

2）碱煮：向锅炉加入碱液后，加热、升压到 10 ~20 kg/cm^2，并维持此压力4 h，然后进行排污，排污量为额定蒸发量的5% ~10%，再加水→升压→排污。如此反复进行，直至水中无油为止。碱煮时，当碱液浓度下降到开始浓度的$\frac{1}{2}$时，应补加药品，使其再达到初始浓度。碱煮完毕后，待碱液温度降至70℃ ~80℃时，方可排掉废液。

在碱煮过程中，氢氧化钠能与沉积物中的硅化物发生如下反应：

$$SiO_2 + 2NaOH \rightarrow Na_2SiO_3 + H_2O$$

生成的Na_2SiO_3是一种可溶性物质。因此，当锅炉内沉积物中含有硅化物较多时，应采用碱煮的方法。

如果锅炉内沉积物中含铜较多，为了洗掉铜，防止酸洗时Cu^{2+}对金属基体的腐蚀，可利用氨和铜离子形成稳定的络合离子的原理，达到除铜的目的。所以在碱洗后还应进行氨洗。

氨洗的工艺条件一般为：氨溶液浓度为1.5% ~3%，过硫酸铵溶液浓度为0.5% ~0.75%，氨洗的温度为35℃ ~70℃，清洗时间为5 ~6 h。

氨洗后再用除盐水或软化水冲洗。

3. 酸洗

(1) 酸洗液的配制

配制酸洗溶液的方法有以下两种：

1) 在酸洗溶液箱内配好所需浓度的酸溶液。

此法是将所需的酸和其他药品都加到酸溶液箱内，用除盐水配制一定浓度的溶液，然后加热到规定温度，再用清洗泵（耐酸泵）送到清洗系统中。

2) 边循环边加药。

此法是在碱洗和水冲洗完毕后，用清水泵使留存锅炉内的除盐水在清洗系统内循环，并加热到所需温度，然后慢慢地向循环的除盐水中加入缓蚀剂，待循环均匀后，再加入清洗所用的酸。

(2) 酸洗工艺

用盐酸清洗时，初始浓度为5% ~10%，最高温度为70℃，循环酸洗流速为0.3 ~1.0 m/s，酸洗时间一般为6 h。

用柠檬酸酸洗时，初始浓度为2% ~4%，温度通常控制在90℃ ~98℃，循环酸洗流速为0.3 ~2 m/s，酸洗时间一般为3 ~4 h。

用氢氟酸酸洗时，初始浓度为1% ~1.5%，最高温度为60℃，开始酸洗时酸洗流速应大于0.15 m/s，酸洗时间为2 ~3 h。

酸洗结束后，废液不能用放空的方法排除，应当用降盐水（或软化水）或氮气顶排，并及时进行清洗，防止酸洗后金属表面腐蚀。排放的废液应进行处理。

4. 漂洗

（1）漂洗的目的

用盐酸或柠檬酸酸洗和水冲洗后，再用稀柠檬酸溶液进行一次冲洗，这种冲洗一般称为漂洗。

漂洗的目的是：除去在酸洗和水洗后残留在清洗系统内的铁离子以及冲洗金属表面可能产生的铁锈。漂洗后的金属表面很清洁，有利于下一步钝化处理。

（2）漂洗工艺

在漂洗时，柠檬酸的浓度为0.1%～0.2%，也可以在漂洗液中加入若丁（浓度为0.05%）或其他缓蚀剂，用氨水调节pH值为3.5～4.0，溶液温度为70℃～80℃，循环冲洗时间为1.5～2.0 h。

5. 钝化

钝化就是用某些化学药品的水溶液对金属表面进行处理，使金属表面生成防腐蚀的保护膜。

目前采用的钝化方法有三种：

（1）亚硝酸钠法

采用此法钝化时，亚硝酸钠（$NaNO_2$）溶液的浓度为0.5%～2.0%，并用氨水将其pH值调节为9～10，温度为60℃～90℃，清洗时间为6～10 h，之后排掉废液，最后用除盐水冲洗，以免残留的亚硝酸钠在运行时引起锅炉腐蚀。这种方法能使钝化后的金属表面形成致密的、银灰色的保护膜。

（2）联氨法

此法是用除盐水配成浓度为200～500 mg/L的联氨溶液，用氨调节其pH值为9.5～10，温度维持在90℃～160℃，在清洗系统内循环24～30 h。用这种方法处理后，金属表面通常生成棕红色或棕褐色的保护膜。

钝化处理结束后，既可以将液体排掉，也可以将液体保留在设备中作为防腐剂。

（3）碱液法

此法是采用1%～2%浓度的Na_3PO_4或Na_3PO_4与NaOH混合液进行钝化，温度维持在70℃～90℃，在清洗系统中循环10～12 h，最后用除盐水冲洗，直到排出水的碱度和磷酸根与锅炉运行时所允许的标准相近为止。钝化后的金属表面产生黑色保护膜，这种膜的防腐性能不如前两种，因此，此法一般只用于中、低压汽包炉。

六、清洗前的准备工作

化学清洗是保证机组安全、经济运行的重要措施之一。清洗前准备工作的好坏直接影响到化学清洗的效果。因此，清洗前应做好以下几项准备工作：

1）清洗用药：对清洗用的各种化学药品，应准备齐全、数量足够，并有适当余量。

2）清洗用水：在化学清洗过程中，某段时间要求连续地、大量地向清洗系统供水，不允许中断，如果中断供水就会影响清洗效果。因此，应根据清洗过程中每一步的用水量，考虑除盐设备的制水能力、水箱的储水量，拟订好用水和制水计划。

3）加热用水蒸气：进行化学清洗时，常用水蒸气加热清洗溶液，为使清洗液达到并保持一定的温度，对水蒸气的压力、温度、用量和取用点等应有周密的计划。

4）电源：应安装好清洗水泵的电源和其他有关清洗工作的电源。

5）废液和废气的处理和分析：清洗现场应备有良好的排水设施，废液应进行处理，排放的废液或废气均应符合环境保护部门的规定，并做好废液、废气的分析准备工作。

七、清洗的安全措施

为了防止发生人身与设备的事故，应做好以下工作：

1）操作现场，必须有充分的照明设施和必要的通信联络设备。

2）在有通道的临时酸洗管道上，要设有临时架桥。

3）在酸洗设备和阀门上，应挂有明显的标示牌。

4）操作人员必须佩戴好安全防护用品，如防酸服、胶靴、橡皮手套、口罩、防护眼镜等。

5）操作现场应备用临时救护药品，附近应准备带有橡胶软管的安全水龙头。

6）在酸洗过程中会产生氢气，因此操作现场及其周围应严禁烟火。操作现场也应备有必要的消防设施。

7）在清洗的操作过程中，应将酸洗和氨洗等工序安排在白天进行。

案例分析 热力设备腐蚀分析

任务一 腐蚀试样的制备——电化学试样的制备

一、目的

学会一种用树脂镶制电化学试验用的金属试样的简易方法和焊接金属样品的方法。

二、材料和药品

1. 材料

1）金属试样。

2）具有塑料绝缘外套的铜管。

3）塑料套圈。

4）金属砂纸。

5）电烙铁。

6）焊油。

7）焊锡丝。

8）玻璃板。

9）玻璃棒。

10）烧杯。

11）托盘天平。

12）乙二胺。

13）环氧树脂。

2. 药品

1）乙二胺。

2）环氧树脂。

三、试验步骤

1）焊接金属样品，将金属试样的所有金属面都用砂纸打磨光亮，用水冲洗干净后待用。

2）给电烙铁通电加热，待电烙铁尖端呈红色时，蘸少许焊油且接触焊锡丝，待焊锡丝熔化后，将带塑料套圈的铜杆焊在金属试样上。

3）将锯好的 5 mm 厚的塑料套圈打磨平整待用。

4）称取 100 g 环氧树脂于烧杯中，再称取 5 ~ 8 g 固化剂乙二胺倒入该烧杯中，用玻璃棒搅拌 10 min，然后把塑料圈放在光滑的玻璃板上，将金属试样放在塑料圈内中央部分。

5）把配制好的环氧树脂倒入摆好金属试样的塑料圈内。

6）24 h 固化好金属试样后，可以进行磨制、抛光。

四、注意事项

1）焊接金属试样时，因电烙铁尖端部位的温度最高，要用尖端部位进行焊接。焊接时，要先在金属试样上焊上点焊锡丝，再将铜杆尖端也焊上些锡丝，然后把 2 个锡点进行焊接，这样既容易焊上又容易焊牢。

2）不要触摸电烙铁及金属部分，以免烫伤。

任务二　恒电位法测定阳极极化曲线

一、目的

1）了解金属活化、钝化转变过程及金属钝化在研究腐蚀与防护中的作用。

2）熟悉恒电位测定极化曲线的方法。

3）通过阳极极化曲线的测定，学会选取阳极保护的技术参数。

二、基本原理

测定金属腐蚀速度，判断添加剂的作用机理，评选缓蚀剂，研究金属的钝态和钝态破坏及电化学保护，都需测量极化曲线。

测量腐蚀体系的极化曲线，实际上就是测量在外加电流作用下，金属在腐蚀介质中的电极电位与外加电流密度（以下简称电密）之间的关系。

阳极电位和电流的关系曲线被称为阳极极化曲线。为了判断金属在电解质溶液中采用阳极保护的可能性，选择阳极保护的三个主要技术参数是：致钝电密、维钝电密和钝化电位（钝化区电位范围）。

测量极化曲线可以采用恒电位和恒电流两种不同的方法。以电密为自变量测量极化曲线的方法叫恒电流法，以电位为自变量的测量方法叫恒电位法。

一般情况下，若电极电位是电密的单值函数时，恒电流法和恒电位法测得的结果是一致的。但是，如果某种金属在阳极极化过程中，电极表面状态发生变化，具有活化/钝化变化，那么该金属的阳极过程只能用恒电位法才能将其历程全部表示出来，这时若采用恒电流法，则阳极过程某些部分将被掩盖，而得不到完整的阳极极化曲线。

在许多情况下，一条完整的极化曲线中与一个电密相对应的可以有几个电极电位。例如，对于具有活化或钝化行为的金属，在腐蚀体系中的阳极极化曲线是很典型的。由阳极极化曲线可知：在一定的电位范围内，金属存在活化区、钝化过渡区、钝化区和过钝化区。还可知：金属的自腐蚀电位（稳定电位）、致钝电密、维钝电密和维钝电位范围。

用恒电流法测量时，由自腐蚀电位点开始逐渐增加电密，当达到致钝电密点时，金属开始钝化，由于人为控制电密恒定，故电极电位突然增加到很正的数值（到达过钝化区），跳过钝化区，当再增加电密时，所测得的曲线在过钝化区。因此，用恒电流法测不出金属进入钝化区的真实情况，而是反映从活化区跃入过钝化区的情形。

碳钢在 $NH_4HCO_3-NH_4OH$ 中就是在阳极极化过程中由活化态转入钝态的。用恒电位法测定其阳极极化曲线，正是基于碳钢在 $NH_4HCO_3-NH_4OH$ 体系中有活化或钝化转变这一现象，并可对设备进行阳极保护。

三、仪器及用品

1）恒电位仪。
2）极化池。
3）饱和甘汞电极。
4）铂金电极。
5）A_3钢电极。
6）粗天平。
7）量筒：1 000 mL/100 mL。
8）烧杯：1 000 mL。
9）温度计。
10）电炉。
11）NH_4HCO_3及 $NH_3 \cdot H_2O$。
12）无水乙醇棉。
13）水砂纸。

四、试验步骤

1. 溶液的配制

1）烧杯内放入 700 mL 去离子水，在电炉上加热到40℃左右，放入 160 g NH_4HCO_3，搅拌均匀，然后加入 65 mL 浓 $NH_3 \cdot H_2O$。

2）将配制好的溶液注入极化池中。

2. 操作步骤

1）用水砂纸打磨工作电极表面，并用无水乙醇棉擦拭干净待用。

2）将辅助电极和研究电极放入极化池中，甘汞电极浸入饱和 KCl 溶液中，用盐桥连接两者，盐桥的鲁金毛细管尖端距离研究电极 1 ~2 mm，按图 7 -2 所示连接好线路，并进行测量。

3）测 A_3钢在 $NH_4HCO_3-NH_4OH$ 体系中的自腐蚀电位约为 -0. 85 V，并稳定 15 min，若电位偏正，可先用很小的阴极电流（50 μA/cm^{2}左右）活化 1 ~2 min 再测定。

4）调节恒电位（从自腐蚀电位开始）进行阳极极化，每隔 2 min 增加 50 mV，并分别读取不同电位下相应的电流值，当电极电位达到 +1. 2 V 左右时，即可停止试验。

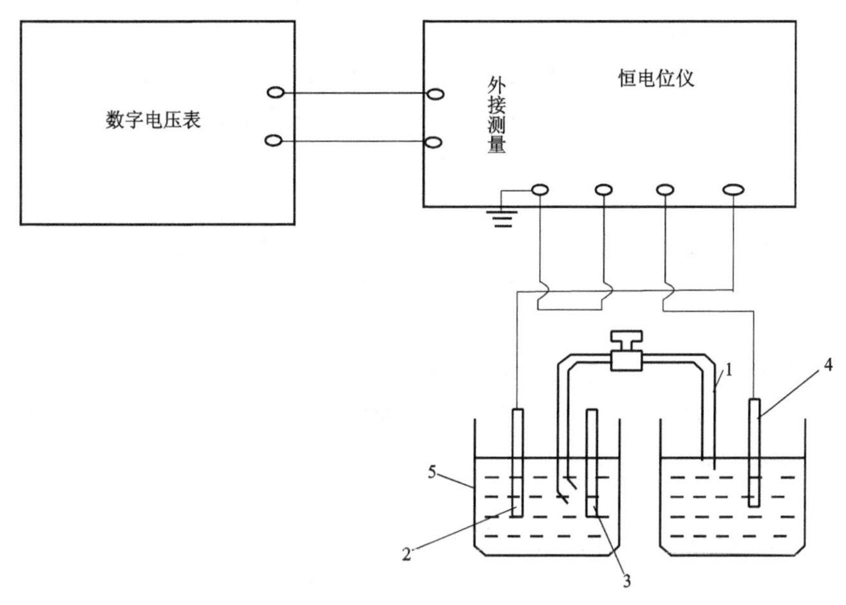

图 7-2　恒电位极化曲线测量装置

1—盐桥；2—辅助电极；3—研究电极；4—参比电极；5—极化池

五、结果及数据处理

1）求出各点的电密，填入自己设计的表格。

2）在半对数坐标纸上用所得数据画阳极极化曲线（E-lg$i$ 曲线）。

3）指出碳钢在 $NH_4HCO_3-NH_4OH$ 中进行阳极保护的三个基本参数。

六、思考题

1）阳极极化曲线对实施阳极保护有何指导意义？

2）极化曲线测量对研究电极、辅助电极、参比电极和盐桥的要求是什么？

任务三　塔菲尔直线外推法测定金属的腐蚀速度

一、目的

1）掌握塔菲尔直线外推法测定金属腐蚀速度的原理和方法。

2）测定低碳钢在 1 mol/L HAc + 1 mol/L NaCl 混合溶液中的腐蚀电密 i_c、阳极塔菲尔斜率 b_a 和阴极塔菲尔斜率 b_c。

3）对活化极化控制的电化学腐蚀体系在强极化区的塔菲尔关系加深理解。

4）学习用恒电流法绘制极化曲线。

二、试验原理

金属在电解质溶液中被腐蚀时，金属上同时进行着两个或多个电化学反应。例如铁在酸性介质中腐蚀时，铁上同时发生如下反应：

$$Fe \rightarrow Fe^{2+} + 2e$$

$$2H^{+} + 2e \rightarrow H_2$$

在无外加电流通过时，电极上无净电荷积累，即氧化反应速度 i_a 等于还原反应速度 i_c，并且等于自腐蚀电流 I_{corr}，与此对应的电位是自腐蚀电位 E_{corr}。

如果有外加电流通过时，例如在阳极极化时，电极电位向正向移动，其结果加速了氧化反应速度 i_a，而抑制了还原反应速度 i_c，此时，金属上通过的阳极性电流应是：

$$I_a = i_a - |i_c| = i_a + i_c$$

同理，阴极极化时，金属上通过的阴极性电流 I_c 也有类似关系：

$$I_c = -|i_c| + i_a = i_c + i_a$$

从电化学反应速度理论可知，当局部阴、阳极反应均受活化极化控制时，过电位（极化电位）η 与电密的关系为：

$$i_a = i_{corr}\exp(2.3\eta/b_a)$$

$$i_c = -i_{corr}\exp(-2.3\eta/b_c)$$

所以：

$$I_a = i_{corr}[\exp(2.3\eta/b_a) - \exp(-2.3\eta/b_c)]$$

$$I_c = -i_{corr}[\exp(-2.3\eta/b_c) - \exp(2.3\eta/b_a)]$$

当金属的极化处于强极化区时，阳极性电流中的 i_c 和阴极性电流中的 i_c 都可忽略，于是得到：

$$I_a = i_{corr}\exp(2.3\eta/b_a)$$

$$I_c = -i_{corr}\exp(-2.3\eta/b_c)$$

或写成：

$$\eta = -b_a \lg i_{corr} + b_a \lg i_a$$

$$\eta = -b_c \lg i_{corr} + b_c \lg i_c$$

可以看出，在强极化区内若将 η 对 $\lg i$ 作图，则可以得到相应的直线关系，该直线称为塔菲尔直线。将两条塔菲尔直线外延后相交，交点表明金属阳极溶解速度 i_a 与阴极反应（析出 H_2）速度 i_c 相等，金属腐蚀速度达到相对稳定时，直线所对应的电密就是金属的腐蚀电密。

在试验时，对腐蚀体系进行强极化（极化电位一般为 100 ~ 250 mV），则可得到 E-$\lg i$ 的关系曲线。把塔菲尔直线外延至腐蚀电位，$\lg i$ 坐标上与交点对应的值为 $\lg i_c$，由此可算出腐蚀电密 i_{corr}。同时由塔菲尔直线分别求出 b_a 和 b_c。

影响测量结果的因素如下：

1）体系中由于浓度差极化的干扰或其他外来干扰。

2）体系中存在一个以上的氧化还原过程（塔菲尔直线通常会变形）。因此在测量为了能获得较为准确的结果，塔菲尔直线段必须延伸至少一个数量级以上的电流范围。

三、仪器和用品

1）恒电位仪。

2）数字电压表。

3）磁力搅拌器。

4）极化池。

5）铂金电极（辅助电极）。

6）饱和甘汞电极。

7）A_3钢电极（研究电极），工作面积为 1 cm^2。

8）Zn 电极（研究电极）。

9）粗天平。

10）秒表。

11）量筒：1 000 mL/50 mL。

12）烧杯：2 000 mL/1 000 mL。

13）HAc。

14）NaCl。

15）无水乙醇棉。

16）水砂纸。

17）介质为 1 mol/L HAC + 1 mol/L Nacl 的混合溶液。

四、试验步骤

1）配制 1 mol/L HAc + 1 mol/L NaCl 溶液。

2）将工作电极用水砂纸打磨，用无水乙醇棉擦洗表面，去油待用。

3）将研究电极、参比电极、辅助电极、盐桥装入盛有电解质的极化池，盐桥的毛细管尖端距研究电极表面距离可控制为毛细管尖端直径的两倍。

4）连接好线路进行测量。

5）测量时，先测量阴极极化曲线，然后测量阳极极化曲线。

6）开动磁力搅拌器，使旋转速度为中速，进行极化测量。

7）先记下 $i=0$ 时的电极电位值，这是曲线上的第一个点，先进行阴极极化。分别以相隔 10 s 的间隔调节极化电流为 −0.5 mA、−1 mA、−2 mA、−3 mA、−4 mA、−5 mA、−10 mA、−20 mA、−30 mA、−40 mA、

-50 mA、-60 mA，并记录对应的电极电位值，迅速将极化电流调为零，待电位稳定后进行阳极极化。此时应分别调节极化电流为 0.5 mA、1 mA、2 mA、3 mA、4 mA、5 mA、10 mA、20 mA、30 mA、40 mA，并记录对应的电极电位值。应注意：极化电流改变时，调节时间应快，一般在 5 s 之内完成，试验结束后将仪器复原。

五、结果处理

1）将试验数据绘在半对数坐标纸上。

2）根据阴极极化曲线的塔菲尔线性段外延求出锌和碳钢的腐蚀电流，并比较它们的腐蚀速度。

3）分别求出腐蚀电密 i_c、阴极塔菲尔斜率 b_c 和阳极塔菲尔斜率 b_a。

六、思考题

1）从理论上讲，阴极和阳极的塔菲尔线延伸至腐蚀电位应交于一点，实际测量的结果如何？为什么？

2）如果两条曲线的延伸线不交于一点，应如何确定腐蚀电密？

第八章

水汽取样

第一节　水汽取样装置操作

一、装置启用前操作

1. 降温架

1）所有高压阀门应处于关闭状态。

2）所有各连接接头、紧固件不应有松动、脱落现象。

3）恒压阀压力调节螺母旋至中位。

4）打开冷却水进出口母管总阀，冷却水进口母管的压力 P 应大于0.2 MPa。

2. 人工取样盘、仪表盘

1）检查所有阀门及部件连接处，连接可靠。

2）人工取样盘上的限流稳压阀应处于最大开度。

3）关闭仪表盘上所有仪表取样阀门。

3. 装置闭环保护系统

1）温控仪通电后应正常显示，改变温控仪的上限报警值，使温控仪处于超温报警状态，高温取样点保护阀正常工作，最后将温控仪的上限报警值设定45℃。

2）关闭冷却水进水阀门或出水阀门，靶式流量控制器应输出闭合信号，同时各样水保护阀应实施保护动作。

4. 化学分析仪表

仪表盘电气箱内电器元件齐全，接线端子连接可靠，分别接通各仪表电源，仪表接线正确。

二、装置启动

1. 降温架

1）依次开启冷却器的进出口球阀。

2）返冲过滤器置于“运行”状态。

3）逐路开启装置样水进口一次门和二次门（全开），打开排污门到最大开度，对各路样水进行排污。

4）排污结束，关闭排污门（注意：关闭排污门前 15 s，将各返冲过滤器置于“返冲”状态，对滤芯进行返冲清洗，排污结束后将过滤器重新置于“运行”状态）。

2. 人工取样盘

1）开启人工取样盘样水门。

2）调出人工取样流量。

3. 仪表盘

1）取出各仪表样水过滤器滤芯。

2）开启仪表盘上各入口节流阀，将样水引入仪表发送器。（注意：仪表样水管路排污时，请从各发送器内取出电极）

3）根据每路样水所配仪表的数量，调节恒压阀调节螺母，使样水总流量符合仪表的规格标准。

4）根据流量计的指示值，调节流量计入口节流阀，使各仪表样水流量符合电厂规程要求。

4. 恒温装置

恒温装置启动操作详见装置的说明书。

三、装置停运

1）关闭降温架样水进口一次门、二次门。

2）关闭人工取样盘样水门。

3）关闭仪表盘节流阀。

4）关闭温控电源、仪表电源、恒温装置电源。

5）关闭装置的冷却水源。

四、装置运行

1）高压阀、高压阀门必须处于全开状态或全关状态，禁止用作节流。

2）筒形冷却器、冷却器进出口球阀全开。

3）高压过滤器，正常取样及返冲排污

① 正常取样：高压过滤器手轮处于垂直方向。

② 返冲排污：打开高压排污阀，按冲管排污规定时间进行正常排污，对滤芯进行自清洗返冲排污，时间为 1 min。逆时针 90°旋转高压过滤器手轮，

使手轮处于水平方向，返冲清洗时间 15 s。

关闭高压排污门。（注意：对滤芯进行返冲清洗前，必须先正常排污）

4. 流量的调节

取样流量偏小情况下以免返冲时将杂质带入取样管道中，应采取以下措施。

1）对高压过滤器进行返冲排污，清除滤芯过滤孔中的杂质，增加通流量。

2）缓慢调节恒压阀调节螺母。

5. 保护阀

保护阀处于运行状态时，每星期要定期进行一次冷却水断水或样水超温保护试验，以便检查保护装置的可靠性。

在试验时，将冷却水母管进水或出水上阀门关闭 50% 或调节温控仪的上限报警值，使所有保护阀处于保护状态，保护阀应可靠切断样水。

五、特殊部件的维护方法

1. 高压阀（316NB-G）

运行人员按照该仪器的操作要求对高压阀进行正确操作，可确保高压阀可靠运行，高压阀维护要点如下：

（1）高压阀出现内漏

松开阀根处的压紧螺母，取下阀芯，观察阀杆顶端的硬质合金球和阀体的中间孔，如硬质合金球出现汽蚀，此时换上新的阀芯即可。在更换新的阀芯时，应先将阀杆旋进，使阀杆的硬质合金球压住中间孔，然后适当旋转大螺母，对阀体的中间孔进行必要的冷压，同时对阀体密封面进行冷压处理，然后旋出阀杆，紧固大螺母。

（2）高压阀出现外漏

阀芯与阀体的大螺母处出现渗水或汽蚀现象，关闭样水总门，待阀门温度下降至室温后，退出阀杆，用扳手重新拧紧大螺母，如果上述操作不解决问题，则松开阀门定位座与阀体之间的大螺母，观察密封面处的损坏情况，如发现损伤请将研磨膏涂在阀体的密封面上，然后放上定位座对配合面进行适当的研磨，时间在 20 min 左右，重新装上，即可消除外漏现象。

2. 筒形冷却器（TZ01A14、TZ01B）

检修人员在发现冷却器的硬密封处出现渗漏时，可松开硬密封，利用金相砂纸对硬密封的密封面进行适当的研磨，主要将积垢磨去，然后再装好，即可消除漏点。

冷却器的上下法兰之间出现泄漏主要是因为上下法兰之间的密封垫圈损

坏，只要对其进行更换即可。

3. 恒压阀（TZ02）

TZ02 型恒压阀采用氧气瓶减压阀的原理，当样水进口压力变化较大时，出口压力波动范围小，使取样装置的样水压力恒定，从而保证仪表样水流量稳定，测量准确，同时它又能限制样水最大压力，当样水压力大于 0.5 MPa 时，恒压阀自动关闭，其具备安全关闭功能，可对装置部件和仪表进行保护。

通过调节恒压阀，可将恒压阀出口样水流量控制在 300 ~ 1 000 mL/min，恒压阀全部旋进，出口流量最大，恒压阀全部旋出，出口流量最小。

当恒压阀工作时间较长时，尤其在炉水测点上，恒压阀有可能因部分堵塞，流量变小，此时可关闭二次门、一次门，拆下恒压阀上阀体，取出阀芯，细心除去通水孔里的铁屑泥沙，清洗后重新装上，即可消除堵塞现象。

4. 熔断式保护阀（TZ19B）

保护阀主要是进行断水保护，切断样水，当出现冷却水断水、样水超温中的任何状态时，保护阀对装置部件以及仪表进行保护。

保护阀不能正常工作按以下步骤进行检修：

1）首先检查保护阀接线处是否松开，用万用表检查是否有 DC 24 V 信号。

2）如果电信号方面正常，检修人员可打开保护阀，观察机械是否卡死或密封处是否有脏物沉积，排除故障后，重新装置即可。

5. 限流稳压阀（TZ31B）

限流稳压阀能确保手工取样样水流量基本稳定在 500 mL/min，由于采用间隙稳压，如样水中污物较多或较大，易堵塞限流稳压阀，此时检修人员可将限流稳压阀阀芯拆下，进行适当清洗，解决问题。

6. 低压过滤器（TZ03D）

低压过滤器滤芯采用多孔纤维制成或陶瓷烧结而成，最小微孔为 10 μm，最大不超过 150 μm，它具有耐酸碱、滤速快，纯度高等特点，可以反复清洗。结构上采用侧进上出方式，在更换滤芯时，从过滤器下面旋开端盖，卸下滤芯即可，极大方便了运行及维护人员，当滤芯颜色转为棕黑色，即被污染时，必须及时卸下滤芯进行清洗或酸洗。

7. 返冲式高压过滤器（TZ34C）

返冲式自清洗高温高压过滤器整体采用进口 316Ti 钢材，滤芯采用弹簧压紧式装配，耐高温、耐汽蚀能力较强，装配、拆卸方便，由于具有返冲功能，可实现“免维护”。

滤芯采用不锈钢材料制造，滤孔呈锥形状，外大内小，最小直径为 50 μm，由于长时间使用，有可能出现堵塞、结垢现象，一般 15 天左右进行返冲清洗一次，即可将堵塞在滤孔中的污垢彻底清洗，大大方便了工作人员运行检修。

8. 二位三通切换阀（TZ30C）

二位三通切换阀是利用电磁吸力（24 V 直流电源）吸动阀芯，从而变换位置，进而控制样水流路走向的一种切换阀，它可以控制样水直接进入排污或进入表计通道中，只要把多个二位三通切换阀出口管连接起来，便可以使得通道有多个测点，并且能自动切换。

9. 装置的维护

整套装置在使用时，有时会出现某路样水的温度偏高或该冷却器有异样响声的现象，首先可用手轻摸冷却器的外筒，由下至上，如果发现冷却器超过一半以上的筒体温度非常高，甚至烫手，基本可以肯定该冷却器有问题，此时检修人员应打开该冷却器，取出盘管，首先看是否严重结垢，如果严重考虑检查冷却水进出口，确认是否有杂物堵塞，其次观察盘管是否有裂缝。

如果高压排污管温度高，此时检查人员可用手轻握该路样水的排污管，并将其与其他样水的排污管温度相比较，此时，若温度异常，则可以肯定排污阀未关严或排污阀因操作不当已经损坏，维护方法参照上述高压阀的维护方法进行维护。

装置维护时应注意：

1）高压阀维护时，必须关闭样水进口门。

2）冷却器维护以及更换冷却器盘管时，应关闭样水门，关闭冷却水进出水球阀。

3）在清洗恒压阀、保护阀时，关闭样水门。

4）更换低压过滤器滤芯时，关闭仪表样水进口节流阀。

第二节 水汽取样恒温装置系统

一、概述

SWJ 系列恒温装置，它主要用于对电厂仪表样水温度进行恒定处理，它能消除温度变化对仪表测量值的影响。

SWJ 系列恒温装置采用闭式循环，每个恒温点配置一只 TZ01E 型筒形热交换器，进行恒温处理的样水与恒温循环水进行逆向热交换。恒温循环水中间部件是由水箱、蒸发器、加热器组成的蒸发器和电热棒，SWJ 系列恒温装置既可以对样水进行降温，也可以对样水进行加热，从而达到恒定样水温度的要求。

二、恒温装置工作原理

制冷压缩机排出高温氟利昂蒸汽，高温蒸汽在冷凝器内部与冷却水进行热交换，冷凝后的氟利昂液体保持0℃～5℃的过冷度，干燥过滤器对流动的氟利昂进行过滤除湿处理，膨胀阀对氟利昂起减压作用，直接控制蒸发器氟利昂流量，氟利昂在蒸发器中吸热做功，降低恒温循环水的温度，当恒温循环水温度高于上限设定值［水样温度在（25±1)℃时的水箱温度］时，压缩机启动制冷，当恒温循环水低于下限设定值时，电加热启动加热，压缩机、电加热工作范围由温度设定值回差控制。恒温循环水在管道泵作用下与热交换器进行闭式循环，恒温循环水在热交换器内部与样水进行热交换，当各个样水温度的高低不一致时，通过不同的换热面积保证恒温控制精度。

三、恒温装置的功能模块

1. 制冷循环部分

制冷循环部分的功能如图 8－1 所示。

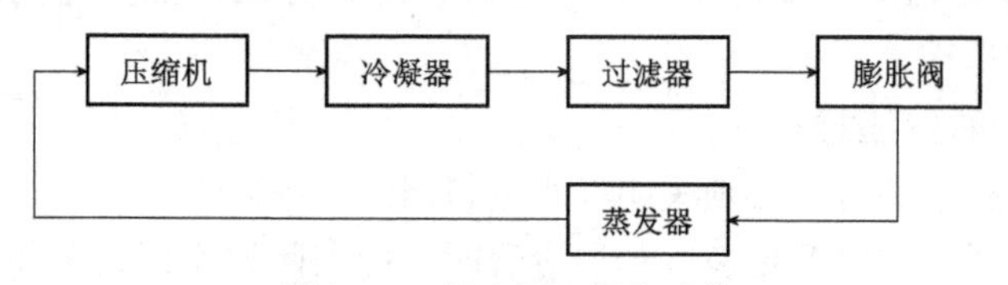

图 8－1　制冷循环部分功能

2. 冷却水断水保护

装置冷凝器进出水侧配置压差控制器，当冷凝器冷却水进出口压差低于设定值时（冷却水流量偏小），装置自动停机保护。

3. 压缩机高低压保护

装置配置 KD 型高低压控制器，当 $P_{排气} \geqslant 18.5$ MPa 或 $P_{回气} \leqslant 0.1$ MPa 时，自动停止装置运行。

4. 自动恒温调节部分

微电脑温度调节器可设定温度上限和下限，自动启动制冷压缩机和电加热，实行样水的恒温调节。

四、恒温装置部件规格及参数

恒温装置部件的规格及参数见表 8－1。

表 8－1　恒温装置部件的规格及参数

装置型号	SWJ－2/SWJ－1		SWJ－5/SWJ－3	
压缩机	2 匹[①]/1 匹	松下	5 匹/3 匹	美国谷轮
冷凝器	3.5 m^2/1.5 m^2	上海制冷设备厂	7.2 m^2/4.5 m^2	上海制冷设备厂
干燥过滤器	LED－8	上海恒温控制器厂	LED－8	上海恒温控制器厂
膨胀阀	F22 ϕ1.5（ϕ3）	上海恒温控制器厂	F22 ϕ3（ϕ4）	上海恒温控制器厂
蒸发器	匹配	苏州华能仪控	匹配	苏州华能仪控
压差控制器	CWK－11	武汉	CWK－11	武汉
高、低压控制器	KD255	上海恒温控制器厂	KD255	上海恒温控制器厂
制冷剂	R22	国产	R22	国产
恒温热交换器	TZ01D	苏州华能仪控	TZ01D	苏州华能仪控
电加热	AC 220 V 3×1 kW	苏州华能仪控	AC 380 V 3×1 kW	苏州华能仪控

注：① 1 匹＝735 W。

五、装置主要技术指标

1）冷凝器冷却水，其压力 $P \geqslant 0.2$ MPa。

型号为SWJ－5 恒温装置的流量 $Q \geqslant 3$ t/h，

SWJ－3 恒温装置的流量 $Q \geqslant 2$ t/h，

SWJ－2 恒温装置的流量 $Q \geqslant 1.5$ t/h。

2）样水恒温处理前的温度：(25±15)℃。

3）恒温处理后样水的出口温度：(25±1)℃。

4）恒温装置电源的参数规格见表 8－2。

表 8－2 恒温装置电源的参数规格

压缩机电源	AC 220 V		AC 380 V	
压缩机最大工作电流	SWJ－2	8.9 A	SWJ－5	8.8 A
	SWJ－1	4.5 A	SWJ－3	4.6 A
电加热电源	AC 220 V		AC 380 V	
电加热功率	SWJ－2	2×1 kW	SWJ－5	3×1 kW
	SWJ－1	1 kW	SWJ－3	3×1 kW
电加热工作电流	SWJ－2	10.7 A	SWJ－5	9.0 A
	SWJ－1	5.4 A	SWJ－3	9.0 A
冷凝方式	SWJ－2	水冷	SWJ－5	水冷
	SWJ－1	风冷	SWJ－3	水冷

5）压缩机的排气温度：$<150℃$。

6）压缩机的吸气温度：5℃～15℃。

7）氟利昂冷凝器出口温度：(35±5)℃。

8）压缩机排汽压力：1.1 MPa$\leqslant P \leqslant$1.6 MPa。

9）压缩机吸汽压力：0.3 MPa$\leqslant P \leqslant$0.6 MPa。

六、制冷剂的充装

装置出厂前已经进行二次抽真空，也进行了气体密封试验，同时灌装好氟利昂制冷剂，如果运行过程中需要重新灌装制冷剂或因干燥过滤器使用时间过长，需更换干燥过滤器时应严格按下列步骤进行：

1）一次抽真空：利用吸气工艺管向制冷系统内加入氟利昂，安装真空泵使其和装置的加液阀连通，启动真空泵，当制冷系统回气压力表指针接近汞柱压力计－76 cm刻度线时，关闭吸气工艺管上的截止阀，停止一次抽真空。

2）二次抽真空：利用吸气工艺管向制冷系统内加入少量氟利昂，安装真空泵，启动真空泵和装置的常闭电磁阀，当制冷系统回气压力表指针接近汞柱压力计－76 cm刻度线时，关闭吸气工艺管上的截止阀，停止二次抽真空。

3）向制冷系统内加入氟利昂制冷剂，当系统内压力表指针接近0.8 MPa时，停止加装氟利昂。

4）启动恒温装置，根据压缩机的进排气压力以及压缩机的工作电流，判断继续加氟利昂或排放部分氟利昂。

七、装置的调试

1）打开冷凝器冷却水进出口阀门，当冷却水接通及切断时，压差控制器应分别输出常开和常闭触点信号。

2）压差保护正常时，启动恒温装置。

3）当排气压力、吸气压力低于装置的技术指标，并在装置运转时，缓慢加入氟利昂制冷剂，注意控制加液速度，防止压缩机液击，避免排气压力表指针剧烈抖动。

4）当排气压力较高时，制冷剂偏多，冷凝器冷却水水量太小。

5）当排气压力偏低时，冷凝器冷却水温度过低或冷却水水量过大。

6）当吸气压力偏高时，制冷剂偏多，膨胀阀开度太大，应缓慢调整膨胀阀，减少膨胀阀开度，膨胀阀感温包未扎紧。

7）当吸气压力偏低时，制冷剂偏少，膨胀阀结霜严重，膨胀阀开度太小，应缓慢调整膨胀阀，增大膨胀阀开度。

8）当制冷剂量过多时，可打开吸气工艺管上的阀门，缓慢放出部分氟利昂。

八、装置的启动

1）打开冷凝器进出水口阀门，打开恒温循环冷却水所有阀门。

2）打开恒温水箱补水阀，注满水箱。

3）断开压缩机、电动机、电加热电源开关。

4）合上电源总开关，控制电源开关，控制电源指示灯亮。

5）预调整温控仪上、下限报警值，使其上限为25.5℃，下限为24.5℃。

6）按装置启动按钮，装置启动按钮指示灯亮。

7）如果温度上限值低于水箱水温，制冷指示灯应亮，加热指示灯灭，调低温度上限值，使其低于水箱水温，则制冷指示灯灭。

8）如果温度下限值低于水箱水温，制冷停止，其指示灯灭，且开始加热工作，相应指示灯亮，调高温度下限值，使其高于水箱水温，电加热停止，其指示灯灭。

9）控制回路正确，则按5）调好温控仪的上、下限报警值。

10）合上压缩机、电动机、电加热电源开关，恒温装置则进入自动控制状态。

11）根据样水恒温后的温度值，重新调整温控仪的上、下限报警值，使恒温处理后的样水温度维护在（25±1）℃。

九、装置的停运

1）按装置停止按钮。

2）断开总电源和压缩机、电动机、电加热的控制电源开关。

3）关闭冷凝器冷却水。

案例分析　水汽系统化学监督与在线化学仪表的准确性分析

一、化学监督与在线化学仪表的关系

在线化学仪表测量的准确性决定了化学监督的可靠性。由于高参数机组对水汽品质要求的不断提高，手工取样测量已经不能取代在线化学仪表在化学监督中的位置。其原因如下：

1）取样测量不能准确测量纯水条件下水汽的直接电导率、氢电导率、pH值、钠含量、溶解氧等指标。

2）取样测量的人为因素降低测量结果的可靠性。

3）取样测量是间断性测量，不能随时发现间断出现的水质异常情况，如水蒸气间断性带水、精处理系统间断释放阴离子、水汽系统间断性污染等。

许多电厂水汽品质合格率很高，但腐蚀结垢和积盐问题却很严重，其根本原因是由于在线化学仪表测量不准确，未能及时发现问题，导致化学监督与控制出现偏差。

二、化学监督和在线化学仪表准确性的意义

1. 对节能、降耗影响显著

大容量机组对水汽品质要求极高，水汽品质的准确监测是保证机组安全经济运行的必要手段。由于多数在线化学仪表的准确性无法检验，导致在线化学仪表普遍测量不准确，使水汽品质恶化的问题不能被及时发现，导致发电机组的水汽系统发生腐蚀、结垢和积盐，造成巨大的经济损失。

据国外资料介绍，在美国发电厂强迫停机中，估计有50%的机组是因水蒸气发电装置部件腐蚀造成的，造成每年增加30亿美元运行和检修成本。由于腐蚀，产品成本增加10%以上，这在美国所有工业腐蚀产物成本中名列第一。部件可用性损失、性能效率损失和部件使用寿命过早终止等故障，一般是由锅炉炉管和汽轮机叶片损坏、给水加热器污染和汽轮机叶片沉淀物等原因引起的。

例如国内某电厂两台600 MW亚临界机组在2004年年底相继投产，汽

包水汽分离装置缺陷使饱和水蒸气中大量带水。由于水蒸气在线钠表和氢电导率表测量不可靠，一直未能及时发现该问题，导致汽轮机高压缸严重积盐，汽轮机效率降低。2006 年年初检查汽轮机时发现积盐严重情况，机组满负荷运行时的水蒸气流量从投产初期的 1 790 t/h（额定蒸发量）增加到1 900 t/h 以上，两台机组每年多烧煤 140 000 t，按 400 元/t 计算，每年损失 5 600 万元。

某电厂凝结水在线溶解氧表测量偏低，凝结水溶解氧长期超标问题未及时发现，造成凝汽器和低压铜管腐蚀溶解，导致汽轮机高压缸严重积盐，汽轮机出力和效率显著降低。

目前国内火力发电机组普遍存在不同程度的腐蚀、结垢和积盐问题，虽然多数机组未出现上述那样严重的腐蚀、积盐问题，但即便是较轻的腐蚀、结垢和积盐问题，每台机组每年也会有数百万元的经济损失。

2. 影响机组运行的安全性

据国外资料介绍，锅炉炉管损坏仍然是火力发电厂可用性损失的最主要原因，仅燃料成本一项就使美国发电行业损失数十亿美元。在大型火力发电厂中，仅一次需要三天时间修理的爆管事故，就会使发电厂蒙受一百万美元的损失。水冷壁氢脆，碱腐蚀和腐蚀疲劳损坏，省煤器的点蚀（局部腐蚀），U 形弯头、管夹、管与管支架处的腐蚀疲劳，过热器和再热器的主要腐蚀损坏（点蚀和应力腐蚀裂纹），其主要原因均是由于水质控制偏差。例如许多电厂发生精处理系统泄漏氯离子的情况，由于氯电导率测量偏低，未能发现问题，结果氯离子在炉水中浓缩后造成酸性腐蚀爆管。

由于缺乏检验水汽系统在线化学仪表测量准确性的方法与手段，长期不能发现仪表测量不准确的问题，从而长期不能发现化学监督的问题。这就像慢性病，一般比较难以察觉，也难以检验确诊，但对人体的损害却是长期的、严重的，积累到一定程度，其危害更大。

类似的实例非常多，许多电厂水汽品质监测合格率很高，热力设备水汽系统腐蚀结垢和积盐情况却很严重，主要原因是在线化学监测仪表测量不准确导致化学监督失去作用。由此可见，提高电厂在线化学仪表测量的准确性和可靠性，提高化学监督的准确性，及时发现水汽品质控制上的问题并加以解决，对发电厂的安全经济运行具有重要的意义，同时可以取得节能、降耗的显著效果。

化学监督和在线化学仪表准确性的重要意义普遍没有得到重视的主要原因如下：

1）水汽系统异常造成的损失是慢性的、间接的，不易被察觉。

2）在线化学仪表测量的准确性无法判断，原有的国内各种标准方法无法检验仪表实际测量的工作误差，因此电厂有关人员不能发现普遍存在的仪表测量不准确的问题。然而，这些问题造成的经济损失却是长期的、巨大的，甚至超过锅炉、汽机等问题造成的损失。

三、在线化学仪表测量不准确的根本原因

水汽系统化学仪表可分为两类：一是可以用标准物质检验实际测量准确性的仪表，如硅表、磷表、联氨表等。二是无法用标准物质检验实际测量条件下测量准确性的仪表，如电导率表、pH 表、钠表，溶解氧表，而这四种在线化学仪表却是最重要的在线监督仪表。由于国内标准和技术的落后，目前国内的所有标准方法（GB、JJG、JB、DL）均不能检验第二类仪表实际测量的误差，即工作误差（在正常工作条件内任意一点上测定的误差），而主要只能检验二次仪表的性能和基本误差（参比工作条件下的测定误差）。随着电子技术的发展，二次仪表出现问题的情况比较少，多数误差出现在纯水测量系统和传感器上。

1. 影响在线电导率表测量准确性的因素

纯水系统在线电导率表受交换柱（氢电导率测量）、系统漏气、电极污染、温度补偿、地回路、频率等因素的影响会产生较大的误差（见图 8－2），国内已有的电导率表检验标准和检验装置不能检验上述误差，只能检验二次仪表的测量误差。因此经检验准确的电导率表在电厂纯水条件下实际测量时，仍然会出现很大的测量误差。

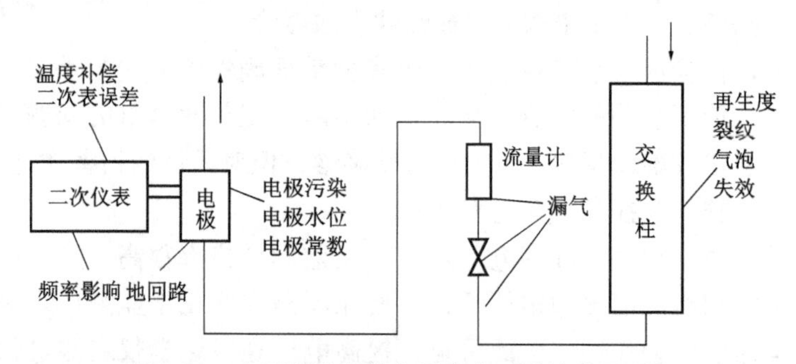

图 8－2　电厂纯水在线电导率表测量的常见误差

2. 影响在线 pH 表测量准确性的因素

纯水系统在线 pH 表受静电荷、液接电位、地回路、温度补偿等因素的影响产生较大的误差（见图 8－3），国内已有的 pH 表检验标准和检验装置不能检验上述误差，只能检验二次仪表的测量误差。因此经检验准确的 pH 表在电厂纯水条件下实际测量时，仍然会出现很大的测量误差。

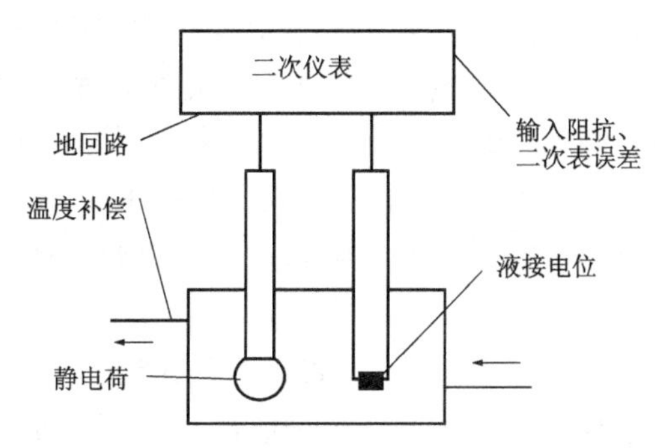

图 8－3　纯水系统在线 pH 表测量的常见误差来源

3. 影响在线钠表测量准确性的因素

纯水系统在线钠表受静电荷、液接电位、地回路、标定误差、电极选择性等因素的影响产生较大的误差（见图 8－4），国内已有的钠表检验标准和检验装置不能检验上述误差，只能检验二次仪表的测量误差。因此经检验准确的在线钠表在电厂纯水条件下实际测量时，其仍然会出现很大的测量误差。

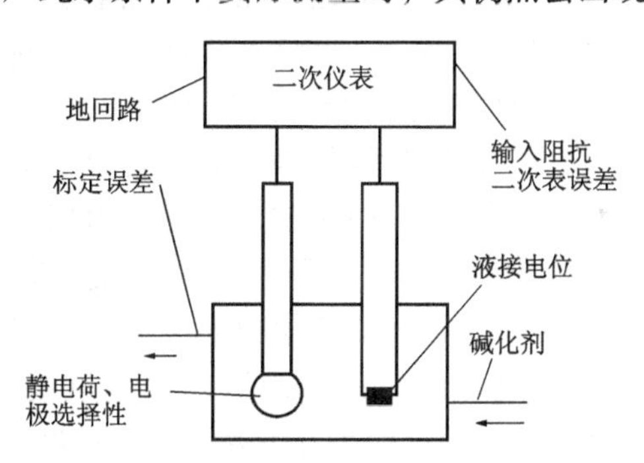

图 8－4　纯水系统在线钠表测量常见误差来源

4. 影响在线溶解氧表测量准确性的因素

纯水系统在线溶解氧表受测量管路泄漏、温度补偿、标定误差等影响产生较大的误差（见图 8－5），国内已有的溶解氧表检验标准和检验装置不能检验上述误差，只能检验二次仪表的测量误差和零点误差。因此经检验准确的在线溶解氧表在电厂纯水条件下实际测量时，其仍然会出现较大的测量误差。

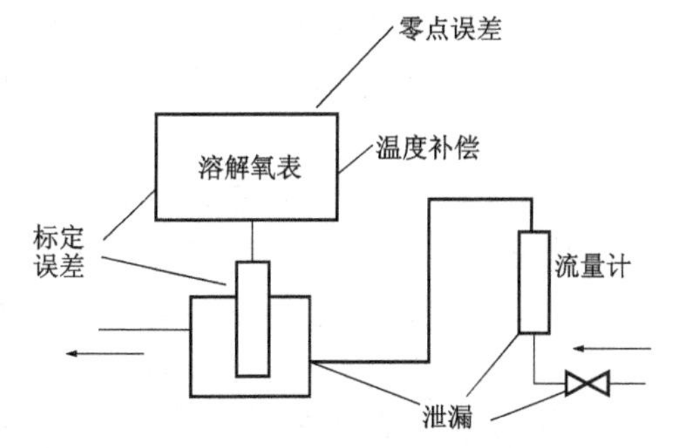

图 8－5　溶解氧表在线测量常见的影响因素

5. 小结

综上所述，在纯水系统中，电

导率表、pH 表、钠表、溶解氧表在线测量时会遇到许多特殊干扰因素而产生误差，如纯水中静电荷、液接电位、电极分布电容、电极选择性、温度补偿等。除此之外，在线测量时的系统泄漏、地回路、树脂再生度、电极污染等，这些影响因素是在线化学仪表工作误差普遍超标的主要原因。

然而，国内已有的检验标准和检验装置不能检验上述误差，只能检验二次仪表的测量误差和标准溶液中的基本误差。

四、提高化学监督和在线化学仪表准确性的途径

要提高水汽系统化学监督可靠性的主要途径是提高在线化学仪表的准确性，而提高在线化学仪表的准确性的技术关键是寻找检验在线化学仪表测量工作误差的方法和手段，并且能够查找造成在线化学仪表工作误差超标的原因。

针对上述技术关键，西安热工研究院研制了 YHJ－Ⅱ型移动式在线化学仪表检验装置，该装置不仅能够完成目前国内标准要求的各种二次仪表检验项目和标准溶液中的基本误差检验，还能完成对纯水条件下各种化学仪表在线测量过程中发生的上述各种误差的检验（见表 8－3 至表 8－6），并且可以确定误差产生的原因，从而指导仪表维护人员消除误差。

使用 YHJ－Ⅱ型移动式在线化学仪表检验装置对七个电厂的 205 台在线电导率表、pH 表、钠表和溶解氧表进行在线检验，得到以下结果：

1）目前电厂水汽系统在线电导率表、pH 表、钠表和溶解氧表测量的工作误差比较大，所检的上述四种在线化学仪表的工作误差较大的占被检表总数的 61.8%，严重影响了化学监督和控制的准确性、可靠性。

2）使用国内目前的各种标准检验方法离线进行检验，均检验不出上述仪表的工作误差，使用 YHJ－Ⅱ型移动式在线化学仪表检验装置可以检验出上述在线仪表的工作误差，并且可以确定误差来源。

3）相对误差超过 5% 的在线电导率（氢电导率）表占被检电导率表总数的 68%。树脂再生度低、温度补偿附加误差、电极常数误差、测量频率附加误差分别占被检电导率表总数的 43%、16.5%、12.8%、9.2%，排在主要误差因素的前四位。

4）误差大于 0.1 的在线 pH 表占被检表总数的 60%。静电荷和液接电位、温度补偿、地回路等三个影响因素是造成在线 pH 表工作误差超标的主要原因，分别占被检表总数的 44%、27% 和 17%。其中以地回路影响产生的误差最大，最大工作误差达到 1.5。

5）误差大于 10% FS 的在线钠表占被检表总数的 79%，误差大于 50% FS 的在线钠表占被检表总数的 47%，表明目前在线钠表普遍存在测量误差较大的问题。标定误差、地回路、静电荷和液接电位等因素是造成在线钠表工作误差超标的主要原因，分别占被检表总数的68%、26%和21%。

6）误差大于10% FS的溶解氧表占被检表总数的56%。标定误差、测量回路泄漏等两个影响因素是造成在线溶解氧表工作误差超标的主要原因，分别占被检表总数的48%和16%。

7）根据确定的误差原因，采取相应的措施来消除误差来源后，绝大多数在线化学仪表的测量误差均减小到标准要求值以下。

表8-3　YHJ-Ⅱ型移动式在线化学仪表检验装置与其他方法检验电导率表的对比

对比项目	YHJ-Ⅱ型化学仪表检验装置	现有国内标准或固定式检验台	便携式标准表
二次表检验	有	有	无
整机离线检验	有	有	无
整机在线工作误差检验	有	无	有
氢交换柱性能检验	有	无	无
频率影响检验	有	无	无
在线电极常数检验	有	无	有
非线性温度补偿检验	有	无	无
检验时是否需要拆表	不需要拆表	需要拆表	不需要拆表

表8-4　YHJ-Ⅱ型移动式在线化学仪表检验装置与其他方法检验pH表的对比

对比项目	YHJ-Ⅱ型化学仪表检验装置	现有国内标准或固定式检验台	便携式标准表
二次表检验	有	有	无
整机离线检验	有	有	无
整机在线工作误差检验	有	无	有
地回路误差检验	有	无	无
静电荷误差检验	有	无	无
液接电位误差检验	有	无	无
温度补偿检验	有	无	无
检验时是否需要拆表	不需要拆表	需要拆表	不需要拆表

表 8－5　YHJ-Ⅱ型移动式在线化学仪表检验装置与其他方法检验钠表的对比

对比项目	YHJ-Ⅱ型化学仪表检验装置	现有国内标准或固定式检验台	取样法
二次表检验	有	有	无
整机离线检验	有	有	有
纯水标准溶液检验	有	无	无
地回路误差检验	有	无	无
静电荷误差检验	有	无	无
液接电位误差检验	有	无	无
在线定位功能	有	无	无
检验时是否需要拆表	不需要拆表	需要拆表	不需要拆表

表 8－6　YHJ-Ⅱ型移动式在线化学仪表检验装置与其他方法检验溶解氧表的对比

对比项目	YHJ-Ⅱ型化学仪表检验装置	现有国内标准或固定式检验台	便携式标准表
在线法拉第电解	有	有	无
标准氧加入法检验	有	无	无
整机在线检验	有	无	有
测量回路密封性检验	有	无	无
流速影响检验	有	无	无
温度影响检验	有	无	有
在线定位功能	有	无	无

五、结论

在线化学仪表测量的准确性决定了化学监督的可靠性。提高电厂水汽系统化学监督和在线化学仪表测量的准确性和可靠性，对发电厂的安全经济运行和节能降耗具有重要的意义。使用国内目前的各种标准检验方法进行离线检验，均检验不出在线电导率表、pH 表、溶解氧表和钠表的工作误差。使用 YHJ-Ⅱ型移动式在线化学仪表检验装置可以检验出上述在线仪表的工作误差，并且可以确定误差来源，从而指导仪表维护人员消除误差，使在线化学仪表和化学监督准确可靠。

参考文献

[1] 戴广华. 电厂水处理与化学监督 [M]. 北京：中国电力出版社，2003.

[2] 吴仁芳. 发电厂水处理与化学监督 [M]. 北京：中国电力出版社，2004.

[3] 周柏青. 热力发电厂水处理 [M]. 北京：中国电力出版社，2009.

[4] 曲书芳. EDI 技术在发电行业化学水处理系统中的应用 [J]. 山东电力技术，2003 (5)：58-59.

[5] 郑体宽. 热力发电厂 [M]. 北京：中国电力出版社，2010.

[6] 陈波. 电厂化学若干问题的探讨 [J]. 大众科技，2004 (9)：66-67.

[7] 田雅琼. 浅析反渗透技术在电厂化学水中的应用 [J]. 中州煤炭，2002 (5)：29，47.

[8] 许琦，杨向东，孙国良，等. 电厂水处理及监测 DCS 的应用研究 [J]. 中国电力，2005 (7)：61-63.

[9] 曹杰玉，陈洁. 电厂锅炉化学清洗需注意的几个问题 [J]. 中国电力，2003 (7)：20-22.